U0353914

国家自然科学基金面上项目（51374139）资助

山东省自然科学基金面上项目（ZR2013EEM018）资助

上覆高位硬厚关键层结构演化特征及微震活动规律研究

张培鹏 商岩冬 蒋金泉 李庆浩 程晓莉 孙龙基 陈建晶／著

中国矿业大学出版社

·徐州·

内 容 提 要

本书采用理论分析、相似材料模拟、数值模拟和现场实测分析等研究方法,研究高位硬厚关键层力学特性及变形破断规律;分析上覆高位硬厚关键层覆岩结构演化规律及变异特征、离层裂隙发育规律;模拟分析硬厚关键层下采动应力分布特征及能量聚积规律,揭示硬厚关键层下微震活动易发区域;通过杨柳煤矿 10416 工作面和鲍店煤矿 103上02 工作面支架压力和微震活动对理论研究内容进行工程实例验证。研究成果为硬厚岩层下科学开采与动力灾害防治提供理论基础,对促进煤矿安全高效生产具有重要的应用价值和现实意义。

本书可供从事矿山压力与岩层控制、冲击地压防治、巷道支护等研究人员和工程技术员以及相关专业的高等院校师生参考使用。

图书在版编目(C I P)数据

上覆高位硬厚关键层结构演化特征及微震活动规律研究/张培鹏等著. —徐州:中国矿业大学出版社,2022.11

ISBN 978 - 7 - 5646 - 5637 - 9

Ⅰ. ①上… Ⅱ. ①张… Ⅲ. ①关键层-地层格架-研究②关键层-小地震-研究 Ⅳ. ①TD31

中国版本图书馆 CIP 数据核字(2022)第 208843 号

书　　名	**上覆高位硬厚关键层结构演化特征及微震活动规律研究**
著　　者	张培鹏　商岩冬　蒋金泉　李庆浩
	程晓莉　孙龙基　陈建晶
责任编辑	何晓明　褚建萍
出版发行	中国矿业大学出版社有限责任公司
	(江苏省徐州市解放南路　邮编221008)
营销热线	(0516)83884103　83885105
出版服务	(0516)83995789　83884920
网　　址	http://www.cumtp.com　E-mail:cumtpvip@cumtp.com
印　　刷	苏州市古得堡数码印刷有限公司
开　　本	787 mm×1092 mm　1/16　**印张** 12.25　**字数** 220 千字
版次印次	2022 年 11 月第 1 版　2022 年 11 月第 1 次印刷
定　　价	45.00 元

(图书出现印装质量问题,本社负责调换)

前　言

随着我国煤矿开采向深部延伸,由采动引起的矿震、冲击地压以及支架动载等矿山动力灾害日益严重。尤其工作面上方几十米甚至上百米层位赋存硬厚岩层时,由于硬厚岩层强度高、完整性好,初次破断步距大,工作面开采后易形成稳定的覆岩空间结构,采场围岩应力环境变得异常复杂。硬厚岩层大面积垮落引发的覆岩大结构失稳,往往导致应力场发生突变,极易诱发煤岩强动力灾害,严重威胁井下工作人员的人身安全,造成机械设备的损坏。目前,我国许多矿区上覆岩层中赋存有高位硬厚岩层,并且工作面开采过程中均伴随强动力灾害的发生。因此,高位硬厚岩层破断运动及动力灾害活动规律成为当前亟待研究的课题。

本书采用理论分析、相似材料模拟、数值模拟和现场实测分析等研究方法,基于最小势能原理和能量差分法,求解出不同边界条件硬厚岩层弯曲挠度方程,得到了硬厚关键层弯曲正应力表达式,研究高位硬厚关键层力学特性及变形破断规律;分析上覆高位硬厚关键层覆岩结构演化规律及变异特征、离层裂隙发育规律,推导出四边固支边界条件硬厚关键层底部离层空间体积计算表达式;模拟分析硬厚关键层下采动应力分布特征及能量聚积规律,揭示硬厚关键层下微震活动易发区域;通过杨柳煤矿 10416 工作面和鲍店煤矿 $103_{\text{上}}02$ 工作面支架压力和微震活动对理论研究内容进行工程实例验证。研究成果为硬厚岩层下科学开采与动力灾害防治提供理论基础,对促进煤矿安全高效生产具有重要的应用价值和现实意义。

本书所依托的课题是在蒋金泉教授指导下完成的，研究过程得到了谭云亮教授、刘承论教授、张文泉教授、石永奎教授、施龙青教授、代进教授、李洪教授和秦广鹏副教授等许多专家学者和师生的指导与帮助，工程实践和现场数据方面得到了杨柳煤矿刘旭工程师和鲍店煤矿张贞良工程师等的大力支持，在此一并致以衷心的感谢！书中引用了中国矿业大学窦林名教授及科研团队现场微震监测数据，在此对窦林名教授及科研团队表示衷心的感谢！书中还引用了大量国内外参考文献，在此对这些文献的作者表示感谢！

由于水平有限，书中难免存在疏漏和不足之处，恳请广大读者予以批评和指正。

著 者
2022 年 6 月

目 录

第1章 绪 论

1.1 研究背景

随着国民经济的日益增长,我国对煤炭资源的需求量也在不断增加。近几年,煤炭资源的开采强度显著增大,矿井开采深度平均以每年 8~12 m 的速度向深部延伸[1]。矿井开采深度的增加,导致采场围岩应力环境异常复杂,由采动所引起的矿震、冲击地压、支架动载、煤与瓦斯突出以及离层水-气突涌等动力灾害日益增加。尤其工作面上方几十米甚至上百米层位赋存硬厚岩层时,由于硬厚岩层的大面积悬空和破断运动,工作面开采过程中极易诱发煤岩强动力灾害。

淮北矿业集团杨柳煤矿 104 采区上覆两层高位硬厚岩浆岩,厚度分别为 31.5 m 和 43.5 m。2011 年 7 月 16 日,10414 工作面地面 80 型瓦斯抽采泵各抽采参数发生变化,抽采浓度从正常情况下的 90% 左右持续下降至最低点 20% 左右,瓦斯抽采量产生剧烈波动。7 月 17 日,地面抽放 2# 孔发生喷孔,在短短 32 min 时间内抽采浓度从 20% 急剧上升到 100%,抽采负压急剧下降到 0 MPa。打开孔口排空阀时,发现大量气、水从排空管剧烈喷出。喷孔期间 10414 工作面 87# 架(钻孔位置)出水异常,涌水量最高达 46 m³/h。整个喷孔持续 33 h,瓦斯喷出量 166 383 m³,工作面涌水量达 7 845.6 m³。地表下沉监测数据显示,喷孔后地表下沉量明显增大。经分析,10414 工作面瓦斯喷孔及顶板水突涌等动力现象是由于高位硬厚岩浆岩发生结构性垮落失稳,导致其底部离层空间快速闭合,诱发离层水-气突涌。

新汶矿业集团华丰煤矿开采深度超过 1 100 m,工作面上覆岩层中赋存巨厚砾岩,砾岩厚度为 400~800 m。华丰煤矿工作面开采过程中采动应力明显异常,自 1992 年 3 月 8 日以来共发生冲击地压上万次,其中 1.5 级以上冲击地压 495 次,大于 2.0 级以上冲击地压 15 次,最大震级 2.9 级。对工作面产生破坏性的冲击地压 108 次,造成工作面停产 12 次,多人伤亡事故 4 起,累计造成43人重伤、多人死亡。破坏巷道2 000余米,平均顶底板移近量1.2 m,两帮移近0.8 m。累计破坏工作面400余米,平均底鼓1.1 m。损坏单体液压支柱500余根、铰接顶梁600余根,还严重损坏了多台设备及通防设施[2]。

通过对上述一系列动力灾害分析可以发现,工作面上覆高位硬厚岩层所带来的动力灾害,严重威胁了井下人员的人身安全以及设备的正常运转,影响煤矿安全高效开采。目前,巨厚坚硬岩层在我国多个矿区均有分布,如新汶矿业集团华丰煤矿巨厚砾岩、济宁三号煤矿巨厚岩浆岩、兖州鲍店煤矿厚层红砂岩、淮北海孜煤矿巨厚岩浆岩、淮北杨柳煤矿两层厚度较大的岩浆岩、铜川焦坪煤矿巨厚砾岩、义马常村煤矿巨厚砾岩等[3]。这些上覆硬厚岩层的工作面在进行开采时,均伴随矿震、冲击地压、煤与瓦斯突出或者离层水-气突涌等强动力灾害。因此,高位硬厚岩层对工作面带来的动力灾害以及相关理论的研究,必须引起人们的高度重视。

1.2 研究意义

通过长期对淮北杨柳煤矿和兖州鲍店煤矿进行现场实测研究,以及对淮北海孜、济宁三号等煤矿调研、论证分析发现,硬厚岩层是此类矿井强动力灾害发生的主导因素。工作面上覆岩层中赋存单层或多层硬厚岩层时,影响采场围岩应力分布的岩层已远远超过传统意义上的基本顶范围。硬厚岩层的大面积悬露,造成采场围岩处于高应力集中状态并发生显著变异,其大步距破断,对采场产生高强度动压冲击,极易诱发微震、冲击地压以及支架动载等动力响应。另外,在上覆岩层垮落运动过程中,硬厚岩层作为关键层承载着上方岩层的重量,易与采空区四周未破断岩体相互作用,形成稳定的承载结构,阻碍上覆岩层的垮落运动,促进离层裂隙的发育扩大,为上覆岩层中水和瓦斯的积聚提供便利条件。硬厚关键层垮落失稳冲压离层空间,造成离层水和瓦斯的剧烈涌出,诱发顶板突水或瓦斯突出。

目前,国内外专家学者对硬厚关键层破断规律以及动力灾害诱发机理尚未进行深入的研究,相关研究成果也未形成系统的理论体系。因此,本书依托国家自然科学基金"上覆巨厚坚硬岩层结构失稳与动力致灾机理"(51374139)和山东省自然科学基金"高位硬厚岩层结构演化规律及动力灾害耦合机理"(ZR2013EEM018),基于薄板理论,对不同边界条件硬厚岩层破断规律、含硬厚岩层覆岩结构演化规律、硬厚岩层下开采采动应力分布特征以及微震活动规律进行深入、系统的研究,研究成果为硬厚岩层下科学开采与动力灾害防治提供理论基础,对促进煤矿安全高效生产具有重要的应用价值和现实意义。

1.3　国内外研究现状

1.3.1　采场覆岩运动规律研究现状

覆岩运动一直以来都是矿山压力与岩层控制的主要研究内容,经过长期的工程实践和理论研究,发展至今逐步形成了一系列较为科学的有关覆岩运动规律的假说或理论。有关采场覆岩运动的各种理论,随着采矿业的发展和科技手段的进步也日趋完善,这些假说和理论在一定的历史时期对现场起到了重要的指导作用。

悬臂梁假说早在 1867 年就已被提出,后又经德国学者施托克、美国学者弗伦德和苏联学者阿·费尔斯曼发展。该假说将采场上覆岩层视为梁,认为梁的一端在采空区已冒落岩石上,另一端则嵌固在岩体中。梁随工作面的推进而发生有规律的破断,致使采煤工作面出现周期性来压。

自然平衡拱假说是由苏联学者普罗托季亚科诺夫在对大量巷道顶板破坏情况观察的基础上提出来的。该假说认为:巷道开掘后,已采空间上部岩层将逐步垮落,形成一个自然平衡拱,随着工作面的推进,自然平衡拱的拱高和拱脚范围也随之增大。

1928 年,德国学者哈克和吉里策尔提出了压力拱假说。他们认为,上覆岩层自然平衡后会在采动空间上部形成压力拱,压力拱的前后拱脚分别位于工作面前方煤体和采空区矸石上,前后拱脚处均为应力升高区,拱内为应力降低区,工作面支架只需承受压力拱内的岩石重量。

1947 年,比利时学者拉巴斯提出了预生裂隙梁假说。该假说认为受煤壁前方强大支承压力的作用,采煤工作面顶板岩层内预先形成一系列的裂隙而成为非连续体,裂隙的存在极大降低了岩层的抗拉能力,主要靠水平挤压力产生的摩擦力来抵抗弯曲和维持平衡,可形成类似梁的平衡。因此,当水平挤压力消失后,岩梁就会失稳垮落。

1950—1954 年,苏联学者库兹涅佐夫提出了铰接岩块假说。该假说将破坏后的采场覆岩分为垮落带和规则移动带,认为规则移动带内的岩块之间可以互相铰合形成一条多环节的铰链,同时明确并详细分析了工作面支架在“给定载荷”和“给定变形”两种条件下的工作状态。

上述这些矿山压力假说是在特定的地质条件和技术水平下提出的,具有一定的缺陷和局限性,往往受到特定条件的限制,但其形成的科学思想对当前的矿山压力理论研究和生产实践仍具有重要的指导和借鉴意义。

20世纪60年代初期至20世纪70年代末,以中国矿业大学钱鸣高[4]为核心的研究团队,以大屯庄煤矿开采后岩层内部移动的观测资料为对象,在总结铰接岩块假说及预生裂隙假说的基础上,提出了采场上覆岩层的砌体梁力学模型,由于岩梁破断后形成的岩块排列整齐,形如砌体,故称之为砌体梁(图1-1)。砌体梁力学模型具体给出了破断岩块的咬合方式和平衡条件,重点研究了砌体梁结构中关键块的平衡关系及"S-R"稳定条件。

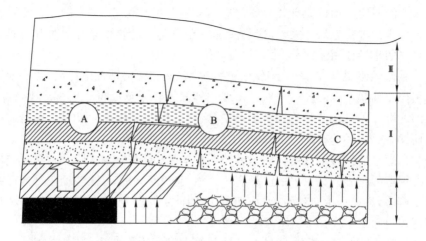

A—煤壁支撑区;B—离层区;C—重新压实区;
Ⅰ—垮落带;Ⅱ—裂隙带;Ⅲ—弯曲下沉带。
图 1-1 采场上覆岩层中的"砌体梁"结构

山东科技大学宋振骐[5]于同一时期提出了以上覆岩层运动为中心的传递岩梁理论,认为基本顶是由对采场矿压显现有明显影响的一组或几组岩梁组成的,对基本顶中的每一岩梁,由于断裂岩块之间相互咬合,始终能向拱壁前方及采区矸石上传递作用力,因此运动时的作用力无须由支架全部承担,支架承担岩梁作用力的大小由对其运动的控制要求决定。同时指出对采场压力起明显作用的覆岩范围是有限的,基本顶破断后采场围岩分布着具有明显周期性变化的内外应力区。

到20世纪末,钱鸣高等[6]、缪协兴等[7]在砌体梁理论研究的基础上提出了关键层理论,认为煤层顶板岩层破断前存在若干以"板"(或"梁")的结构形式作为全部或局部岩层承载主体的岩层,承载层断裂后则成为砌体梁结构,仍然作为承载主体。

美国西弗吉尼亚大学 Peng[8] 教授在 1978 年出版的 *Coal Mine Ground Control* 一书中系统定义了长壁工作面开采围岩控制的定义以及围岩控制设计的约束条件,以现场实测数据为依据,研究了房柱式开采和长壁开采方式下水平应力分布规律。

以上矿山压力假说和理论在不同历史时期都曾起到重要的指导作用,这些结构模型的思想在近几年的研究中得到不断继承和发展,国内外一些学者采用板或梁的理论对采场上覆岩层的运动规律进行了一些完善和新的研究发展。

钱鸣高等[4] 将基本顶视为板结构,并将基本顶初次破断前边界支撑条件分为四边固支、三边固支一边简支、两邻边固支两邻边简支以及一边固支三边简支等四种形式,根据 Marcus(马库斯)修正简化解分别计算了四种边界形式岩板的初次破断步距表达式。

贾喜荣等[9-10] 应用弹性薄板理论分别建立了四边固支、三边固支一边自由等岩板力学模型,利用最小势能原理和能量差分法,得到岩板弯曲的能量变分方程,并利用瑞利-里兹法建立了两种边界条件的复合三角级数的挠度函数,推导出了岩板弯曲的挠度表达式。

姜福兴[11] 用薄板力学方法对采场坚硬顶板进行了初步研究,得出了四种边界条件下薄板的力学解,并提出了厚板系数,用以解厚板的相关解。

蒋金泉等[12-16] 利用弹性基础梁理论建立了基本顶初次破断前后弹性基础梁模型,并利用屈服线分析法和瑞利-里兹法研究了岩板的破坏,揭露了岩层板结构的断裂规律,分析了基本顶初次破断前后的矿压显现,并利用相应的显现成功预测了顶板的来压。

茅献彪等[17-18] 基于采场覆岩的关键层理论,深入分析了相邻坚硬岩层所产生的复合效应,并用有限单元法计算了复合关键层的断裂跨度。

缪协兴等[7] 运用岩体破裂过程分析系统结合实际覆岩构造特征,分析了具有硬厚关键层的采场覆岩的破断与冒落规律。

针对采场坚硬顶板运移情况,谭云亮等[19-21] 建立了顶板的屈服状态结构模型,得出了与实际较为相符的四边固支采场顶板断裂步距计算式,建立了顶板的损伤破坏模型,分析了顶板的损伤破坏过程,并对坚硬顶板的二次断裂进行了初步研究。

秦广鹏等[22] 以夏阔坦 1007 工作面上覆硬厚砂岩层为研究对象,根据现场工作面支承条件,建立了硬厚岩层两邻边固支一边简支一边自由的薄板力学模型,并研究了薄板应力分布特征。

为了解采场上覆巨厚坚硬顶板的破断运动规律,搞清楚巨厚坚硬覆岩的致灾机理,国内外的学者也进行了一定的研究。杨培举等[23]研究了采场上方厚约 100 m 岩浆岩的变形破坏特征及对采场围岩应力分布的影响,并分析其引发采场矿压事故的力学机理与显现形式。肖江等[24]以相似材料模拟试验为手段研究了济宁二号井煤层上方巨厚无节理岩浆岩的运移规律,初步得出了岩浆岩的破断失稳机理。于斌等[25]以晋华宫煤矿硬厚岩层顶板条件为工程背景,通过理论分析和现场实测相结合,研究了硬厚岩层顶板的临界失稳条件、失稳方式、影响失稳的因素以及失稳的机理,提出了硬厚岩层顶板失稳控制的方法。杨敬轩等[26]以石屹台煤矿生产实际为背景,对不同支承边界条件下硬厚岩层顶板破断及来压特征进行了分析。轩大洋等[27]采用 UDEC 软件模拟研究了海孜煤矿Ⅱ102 采区均厚 140 m 火成岩下开采时的采动应力演化规律,确定出受火成岩影响的采动应力范围。程家国等[28]采用 ANSYS 6.1数值模拟软件,初步研究了深井高地压坚硬顶板采场围岩特性。Tang 等[29-30]通过数值模拟方法研究了厚层脆性岩石破断累积损伤以及能量释放的基本规律。

综上所述,国内外专家学者主要是针对煤层附近基本顶开展了系统的研究,并揭示了工作面基本顶变形破断机理。在高位硬厚关键层方面,国内外学者也进行了初步研究,但尚未对高位硬厚关键层变形破断机理、破断影响因素以及破断过程进行深入细致的研究。

1.3.2 采场覆岩结构研究现状

对采场覆岩结构的研究也经历了较长的历史时期,对于覆岩结构认识最为经典的尚属钱鸣高等[6,31-33]所提出的砌体梁结构,砌体梁结构将采场覆岩划分为横三区(煤壁支承区、离层区、重新压实区)和竖三带(垮落带、裂隙带、弯曲带),如图 1-2 所示。基于砌体梁基础提出的关键层理论将采场上覆岩层中厚度大、坚硬的岩层作为承受上部岩层载荷的关键层,并指出承载层断裂后形成的砌体梁结构仍然作为承载的主体。

近年来,国内外广大的采矿工作者和学者在总结前人研究成果的基础上,对原有的理论进行了验证、优化和完善,使人们对于采场覆岩结构有了更深入的认识,其中的一些研究工作具有极大的理论和现场应用价值。

中国矿业大学缪协兴等[34-36]在关键层基础上进行了深入的研究,提出了

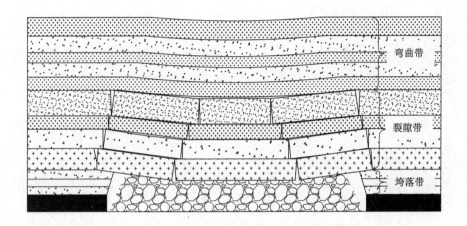

图 1-2 工作面上覆岩层结构示意图

复合关键层理论,认为在采场覆岩运动过程中的关键层有时会由 2 层或 2 层以上的复合岩层所组成,给出了形成复合关键层的力学条件和数学表达式,并建立了采场覆岩中复合关键层的判别方法和判别程序。

许家林等[37-39]以神东矿区工程实例为背景,研究了浅埋煤层覆岩关键层结构的类型及破断失稳特征,并通过试验与理论分析,对岩层移动过程中的离层位置与离层量、离层动态发育特征及影响因素进行了深入研究,得出了覆岩离层主要出现在各关键层下且覆岩离层最大发育高度止于覆岩主关键层的结论。

姜福兴等[40-42]通过对基本顶结构形式的研究,将基本顶划分为类拱式、拱梁式和梁式。按照工作面采动边界条件,将采场覆岩空间结构分为"θ"形、"O"形、"S"形和"C"形四类,并指出采场覆岩空间结构的形式受厚层坚硬顶板、埋深、工作面和采区之间煤柱以及断层煤柱等开采地质因素的影响,并随着开采阶段的变化而变化。

郭惟嘉等[43]结合现场实测资料,采用动态模型辨识和参数识别法,利用相似模拟方法,研究了采动覆岩离层的动态发育规律,并采用复式积分变换得出了水平煤层开采覆岩离层的解析表达式。

尹增德[44]综合研究了覆岩破坏特征受覆岩岩性、岩性结构、工作面几何参数、断层及时间等因素影响的规律。

潘红宇等[45]在关键层研究的基础上,结合复合材料结构力学理论,建立了复合关键层模型,并对复合关键层的破断距、煤层支承压力以及复合关键层的极限平衡宽度进行了计算,同时应用 FLAC 3D 模拟软件对结果进行了模拟验证。

黄汉富[46]以潞安矿区司马煤矿薄基岩、厚松散层、厚煤层的地质条件为研究对象,研究了薄基岩条件下的覆岩结构及其运动规律。

孙振武等[47]针对采场覆岩中两层硬岩夹持软岩的赋存情况,利用现代力学原理,推导出了形成复合关键层的判别公式,将复合岩层用等效单一岩层代替。

弓培林等[48]运用关键层理论研究了大采高煤层开采覆岩结构特征及运动规律,发现大采高条件下覆岩的垮落带和断裂带高度均大于相同厚度煤层分层开采的相应高度。

张向东等[49]根据流变力学理论和控制板梁组合运动理论,研究了覆岩运动及离层发展的时空过程,推导出了控制岩层弯曲变形及离层裂缝宽度的计算公式。

柴敬等[50]基于传统矿压理论,以杭来湾井田 30101 工作面为研究背景,利用光纤布拉格光栅传感器在实验室模拟研究了工作面上覆岩层变形运动过程,所得试验结果与现场矿压观测结果几乎一致。

李杨[51]利用微震监测系统对长壁工作面开采过程中的微震事件进行微地震定位,以此来研究采场空间结构的形成过程和范围。

Hatherly 等[52-55]通过应用微地震定位监测技术(MS),监测工作面顶板岩石破裂,研究采场上覆岩层结构的运动变化过程。

Berry 等[56]利用弹性力学理论研究了横向各向同性三维条件下煤层开采力学问题,提出利用弹性支承处理顶板岩层运动。

Crough[57]通过二维模拟分析了浅埋单一煤层开采覆岩结构发育规律。

Salamon[58]应用弹性理论提出了面元原理,将连续介质力学与影响函数法相结合,为现在的边界单元法奠定了基础。

Palarski[59]通过试验手段研究了充填开采控制采场覆岩运动的机理,并通过现场实践验证了充填开采在控制覆岩运动方面的有效性。

在覆岩离层及裂隙发育方面,苏仲杰等[60-62]采用 RFPA 岩石破裂分析系统模拟研究了覆岩离层受力状态及发生机理,并根据弹性力学理论建立了离层注浆条件下的离层岩板挠度计算力学模型。张玉卓等[63]研究了长壁采煤过程中上覆岩层产生离层的条件及其与岩层结构和采矿条件之间的关系,提出了产生离层的覆岩结构类型。张建全等[64-65]理论分析了覆岩离层产生的力学结构、力学条件及采动覆岩可能出现的位置,并提出了计算最大离层的方法。赵德深等[66]通过相似材料模拟试验,初步研究了采动覆岩离层产生、发展与分布的规律,揭示了离层的发育高度与工作面推进距离之间的关系。章伟等[67]通过对现场实例的分析得出了可注浆离层产生的条件,并结合摩尔-库伦破坏准则建立了采场上覆岩层离层形成的力学判据。杨伦等[68]以组合板变形的力学模型为基础推导出计算离层位置的公式,并通过相似材料模拟试验验证了推导结果的可能性。王素华等[69]依据覆岩离层生成的力学机理,将可注浆层位的离层划分为三类,确立了覆岩离层可注浆层位岩梁的断裂步距表达式,并对划分注浆层位的合理性进行了验证。王国艳[70]通过理论研究、数值模拟等手段,对具有初始裂隙的岩块、采动岩体裂隙扩展演化过程进行了较为详细的分析。赵洪亮[71]运用 UDEC 数值模拟软件,模拟研究了受工作面开采模式和开采速率的影响以及覆岩结构的演化规律。

国外许多学者在覆岩采动裂隙发育的研究方面也取得了很多成果,普遍认为长壁工作面开采条件下覆岩可分为垮落带、裂隙带和弯曲下沉带,其对上覆岩层的划分类别与国内保持一致。近年来还有不少学者继续进行了研究,其中有代表性的有:Kratzsch[72]进行了覆岩离层注浆控制地表沉降技术研究,通过弹塑性力学确定了弯曲带内岩层的挠度值,并确定了覆岩整体弯曲下沉带下部为可注浆离层带的位置;Karmis 等[73]研究了煤层开采沉陷与离层裂隙发育,并进行了煤田沉陷预测方面的工作;Hasenfus 等[74]则通过水文地质力学的角度研究长壁开采工作面上覆岩层含水层受采动影响的裂隙发育与突水规律;Bai 等[75]也研究了含水层突水与裂隙发育之间的关系;Palchik[76]研究了软弱岩体物理力学特性对采空区上部垮落带高度的影响规律。

综上所述,在覆岩结构的研究方面,目前国内外专家学者主要针对关键层结构条件下覆岩"三带"演化规律以及发育高度进行深入研究;在空间结构形态方面,研究成果主要针对不同开采阶段采场层面方向形成的各类空间结构进行了研究;在离层裂隙的研究方面,已有成果通过理论分析和试验研究对离层裂隙产生机理以及厚度方向上的发育高度进行了较为细致的研究。而在高位硬厚关键层条件下,工作面上覆岩层宏观覆岩结构演化规律以及空间形态的研究相对较少,且对硬厚岩层底部离层裂隙发育过程以及结构形态也鲜有报道。

1.3.3 工作面采场支承压力研究现状

煤层采出后,在围岩应力重新分布的范围内,作用在煤层、岩层和矸石上的垂直压力称为支承压力[77]。研究采场围岩支承压力、矿山压力显现与上覆岩层运动之间的关系对采煤工作面顶板控制及灾害防治具有非常重要的作用,为此国内外广大学者进行了长期深入的研究。

宋振骐等[78]在矿压理论研究和生产实践的基础上,深入系统地研究了采场支承压力的发展过程及分布规律,将支承压力显现大致划分为三个阶段,即煤壁处于弹性压缩阶段、煤壁处于塑性破坏阶段、压力显现随岩层运动规律变化阶段;通过结构力学和弹塑性力学推导出了支承压力随上覆岩层运动发展变化规律的力学表达式;应用已有支承压力的研究成果对采场来压和顶底板情况进行了现场预测与应用。宋振骐院士在支承压力方面的研究为矿山压力与岩层控制理论奠定了基础。

蒋金泉等[79]采用三维相似材料模拟方法,对长壁采煤工作面周围煤体和矸石上的支承压力分布规律进行了研究,其中包括工作面超前支承压力的分布规律、侧向支承压力随工作面推进的发展过程、支承压力的叠加规律以及采空区压力分布与顶板运动的关系。

茅献彪等[80]基于关键层理论研究,运用有限元分析方法研究了关键层上部载荷和下部支承压力的分布受软岩层影响的规律。

谢广祥等[81-83]通过建立支承压力的黏弹性损伤力学模拟,研究了采场围岩支承压力的分布规律,揭示出支承压力与开采厚度的关系。

在超前支承压力分布规律研究方面,刘金海等[84]采用 FLAC 3D 软件对孤岛工作面推进过程中煤体垂直应力场的动态变化过程进行了模拟研究;王振等[85]以义马常村煤矿地质条件为背景,采用 UDEC 软件模拟研究了采高分别为 5 m、7.5 m、10 m 时的超前支承压力分布规律;肖鹏等[86]通过相似材料模拟试验对受不同层位关键层控制下的采场支承压力分布特征进行了研究;毕业武等[87]通过现场实测研究了新安煤矿综采工作面超前支承压力分布规律与回采巷道的稳定性;司荣军等[88]通过 FLAC 3D 软件模拟了随采场推进过程支承压力的动态演化规律,并得出了支承压力集中系数与工作面推进距离的动态变化曲线;马庆云等[89]利用相似材料模拟方法研究了支承压力影响范围随工作面推进的变化规律;唐军华等[90]通过数值模拟、现场实测等技术手段,对两淮矿区的不同采深和采厚条件下超前支承压力进行了研究,发现随着开采深度的增加,超前支承压力的峰值强度也随之增加,随着采厚的增加,超前支承压力集中系数减小,峰值距煤壁的距离也随之增大;刘先贵[91]综合现场实测与试验结果,研究了支承压力的分布规律,分析了支承压力分布的主要影响因素,给出了确定支承压力高峰区的估算公式;浦海等[92]运用 RFPA

数值模拟软件分析了关键层破断前后支承压力的变化规律,同时研究了关键层位置和采深对支承压力影响的规律;涂心彦等[93]利用 UDEC 软件研究了超前支承压力与围岩力学性质和工作面推进距离的关系,对工作面充分采动前后的支承压力状态进行了分析;史红等[94]基于微震监测并结合力学方法,建立了覆岩空间结构走向支承压力模型和计算公式;白少华等[95]采用 FLAC 3D 软件模拟研究了超前支承压力、采高和工作面推进速度之间的关系,即支承压力影响范围随采高的增大而增大,峰值位置随采高增大而前移,但支承压力的显现随着推进速度的增加而逐渐不明显;赵宇等[96]为了研究工作面侧向支承压力的分布情况,利用钻孔应力计对回采期间及顶板垮落后巷帮受力进行了监测分析。

张时伟等[97]针对义马矿区煤层顶板巨厚砾岩垮落引起的动载荷,通过 FLAC 3D 软件模拟研究了巷道围岩应力、位移以及塑性区受动载荷影响的规律;刘长友等[98]综合研究分析了特厚煤层工作面上覆多层坚硬顶板条件下的矿压显现规律,通过理论研究和现场实践得出了特厚煤层工作面支架阻力的确定方法和原则;梁海汀等[99]通过 UDEC 软件模拟不同层位关键层对采动过程中覆岩裂隙发育、应力变化的影响规律;李宏亮等[100]通过对综采工作面前方煤体支承压力分布规律的分析,构建了基于 BP 神经网络超前支承压力的预测模型;苏南丁等[101]通过 UDEC 软件模拟研究了浅埋深大采高工作面回采覆岩运动规律,提出了采用条带开采与离层带注浆相结合来控制地表下沉。

在硬厚岩层采动应力的研究方面,刘金海等[102]通过冲击矿压实时监测预警系统对新巨龙 1301 工作面走向及侧向煤体支承压力进行了监测,通过分析得出了深井特厚煤层综放工作面支承压力的分布特征;谭吉世等[103]应用 UDEC 软件对济宁二号井巨厚火成岩下覆岩移动规律和采场应力变化进行了模拟研究,揭示了受巨厚火成岩影响下工作面支承压力的变异性;轩大洋等[104]针对海孜矿发生的煤与瓦斯突出事件,采用 UDEC 软件研究平均厚度 140 m 岩浆岩开采时的应力演化规律,从应力的角度解释了煤与瓦斯突出灾害发生的原因;房萧等[105]利用离散元软件对千秋煤矿 21141 工作面受巨厚砾岩影响下的支承压力分布规律进行了模拟研究;杨合远[106]以新集二矿 210108 工作面顶板赋存巨厚砂岩层为研究对象,采用 FLAC 3D 软件模拟了采煤工作面支承压力随顶板垂直方向及工作面走向、倾向等不同赋存条件的变化规律。

Korpach[107]和 Fenner[108]研究了采场附近支承压力的变化;Gürtunca[109]

以南非金矿开采为工程背景,研究了采场应力的变化规律;Zhang 等[110]通过在回采巷道一侧安装钻孔应力计监测煤壁前方水平和垂直应力动态变化,监测结果显示,工作面超前支承压力区超过 250 m(工作面长 220 m),支承压力峰值位于煤壁前方大约 24 m 的位置,通过对比水平和垂直应力的监测结果,发现煤壁一侧水平应力远比垂直应力小,垂直应力控制着矿山压力显现的剧烈程度;Dwivedi 等[111]研究了高初始应力、软弱岩体、大埋深地质条件下开挖大断面巷道时,巷道周围应力的分布规律;Su 等[112]创新性地提出了三维多块体失稳机理模型,研究了大断面圆形隧道的围岩应力和通过加压盾方式进行巷道支护时的地表下沉;Chang 等[113]通过数值模拟方法研究了深部巷道围岩应力的分布规律,并针对深部巷道围岩结构的稳定性控制提出了钢管混凝土柱(CFT)的支护方式;Guo 等[114]研究了区域构造应力的分布规律,利用应力释放法研究确定了蒲河煤矿主采区应力的分布情况;Zhang 等[115]通过数值模拟方法结合环形孔释放法测量了围岩应力分布;Zhang 等[116]通过 ANSYS 软件建立的力学模型研究了不同采矿条件下的支承压力分布规律;Wu 等[117]基于板力学模型和塑性顶板应力分析,利用边界积分公式获得了塑性顶板以及各种应力边界下的应力函数;Luo 等[118]针对耿村煤矿受 F_{16} 逆断层影响易发生冲击地压的情况,通过数值模拟和相似材料模拟的方法研究了随着采深的不断增大及逐渐接近 F_{16} 断层过程中围岩应力的演化规律。

综合上述分析,已有成果利用理论分析、相似材料模拟、数值模拟等对采场基本顶垮落过程中采场围岩支承压力变化情况进行了深入系统的研究,并形成了完善的理论体系。而在高位硬厚岩层下支承压力变化方面,多位专家学者对某些特征条件下的支承压力变化进行了模拟分析研究。但针对硬厚岩层对支承压力的影响机理,以及支承压力受硬厚岩层厚度、赋存高度、层数变化的影响程度尚未进行系统的研究分析。

1.3.4 硬厚岩层下开采微震活动规律研究现状

硬厚岩层通常具备厚度大、强度高等特点,在开采过程中,硬厚岩层均处于高应力状态,积聚着大量的弹性能,在硬厚岩层初次断裂时,硬厚岩层及其控制的上部岩层的重量全部作用于采场,对采场造成强烈冲击,造成工作面支承压力急剧增大,发生突变时极易引发冲击地压。硬厚关键层的破断过程通常伴随大量弹性能的释放,同时引发强矿震。因此,为实现硬厚岩层下安全生产以及危险的有效防治,国内外采矿学者针对硬厚岩层破断过程的能量释放进行了深入的研究。

姜福兴等[119]结合覆岩空间结构理论和矿山压力理论,研究了不对称孤岛工作面覆岩运动规律,探索了硬岩断裂型矿震的预测方法。

杨培举等[120]为了控制巨厚坚硬覆岩导致的采场矿压灾害,研究了济宁三号井煤层上方厚约 100 m 的岩浆岩对支承压力分布的影响,并通过数值模拟方法模拟了岩浆岩与煤层间距 60 m 和 185 m 两种情况下岩浆岩的破断形式及破断过程中所释放能量可能导致的灾害。

李宝富等[121]通过相似材料模拟试验和理论计算的方法,分别研究了上位和下位巨厚砾岩层的运动对诱发冲击地压的影响。研究结果表明:由于层位关系,下层巨厚砾岩达到极限悬顶步距发生破断后,会通过煤层将之前积聚的弹性变形能释放,极有可能诱发大能量冲击地压的发生,而上位巨厚砾岩则会对采动引起的岩层移动起到一定的屏蔽和缓冲作用,避免冲击地压的发生。

刘健等[122]利用 SOS 微震监测系统对东滩煤矿 1305 工作面的矿震活动进行了监测和数据处理,并结合 Phase2 6.0 软件对回采过程中的垂直应力变化进行模拟,发现了关键层砂岩的破断过程与震源点位置的空间关系,即在关键层砂岩为破断前震源点多积聚在基本顶下部并随着开采空间的增大逐渐向上部岩层发展,一旦关键层砂岩发生破断,震源点又会降回到基本顶附近。

成云海等[123]采用微震监测技术研究了华丰煤矿砾岩关键层运动诱发矿震的规律,通过大量的微震观测数据统计得出,部分砾岩断裂导致了矿震的发生,大约 50% 的矿震是由于砾岩关键层的破断所引起的,只有个别矿震导致了冲击地压的发生,说明冲击地压产生原因的独特性,并据此提出了针对具体情况采取相应措施进行冲击地压的防治切不可一概而论。

李新元等[124]基于煤矿开采学、材料力学、岩体力学等理论研究,建立了坚硬顶板初次破断力学结构模型,创造性地推导出了弹性基础梁的能量分布计算公式,并分析了工作面前方坚硬顶板破断前后的能量积聚和能量释放分布规律。

冯小军等[125]采用 UDEC 软件模拟研究了不同厚度坚硬砾岩顶板断裂的应力演化和能量传播规律。

卢新伟等[126]采用 FLAC 3D 软件模拟研究了海孜煤矿 Ⅱ102 采区上覆巨厚火成岩随工作面回采的运动规律。模拟结果表明:在开采至 Ⅱ102 采区第三个工作面 Ⅱ1026 时,火成岩仍未发生破断,但通过垂直应力的分布状态判断火成岩在高应力作用下随时可能发生破断,通过矿震的分布特征发现巨厚火成岩成为Ⅱ102采区主关键层并控制了火成岩上方的岩层运动,由此验证了矿震主要分布在火成岩下部岩层的观测和模拟结果。

罗吉安[127]针对海孜煤矿巨厚火成岩下煤层巷道发生冲击地压问题,运用综合研究方法研究了巨厚火成岩下开采引起的顶板支承压力变化以及煤岩能量储备作用,利用应力和能量的方法分析了巨厚火成岩顶板容易积聚高应力和高能量的机理,并采用弹性力学、复变函数理论以及数值模拟方法研究和分析了弹性波、应力环境、顶底板弹性模量不同影响因素对巷道围岩冲击地压的影响。

李浩荡等[128]以宽沟煤矿 W1143 工作面发生冲击地压为背景,采用 ARAMIS M/E 微震监测系统对煤岩体破坏进行了监测,获取了微震空间分布及微震能量和频次的变化规律,并结合数值模拟结果综合分析了硬厚岩层顶板条件下采煤工作面发生冲击地压的原因。

国内外学术界对微震的研究主要集中在冲击地压机理、预测预报以及防治对策等三个领域,其中冲击地压机理是冲击地压预测、防治的理论基础和重要研究内容。

Cook 等[129]和 Jaeger 等[130]通过研究总结南非接近 15 年里金矿冲击地压事故发生的原因和机理,提出了冲击能量理论,并提出了南非金矿长壁工作面开采时不同开挖形状下能量释放的分析和计算方法,研究得出了能量释放和岩爆次数之间的关系。

Patyñska 等[131]研究了波兰煤矿的地震规模和潜在的岩爆危险;Blake 等[132]通过微地震监测技术监测研究岩体结构的变化;Miao 等[133-134]提出了采动诱发微震事件的反向原函数方法,介绍了应用归纳法和修剪算法进行煤矿微震危险状态划分的研究;Ge 等[135-136]通过案例分析,主要研究了如何提高微震监测的效率和准确性。

此外,Young 等[137]、Mendecki 等[138]和 Luo 等[139]研究了微震监测在预测冲击地压方面的应用。

综上所述,前人对硬厚岩层破断能量释放、诱发微震机理以及微震监测方面展开了一系列研究,并提出了针对性的预测与防治方法,而在硬厚关键层下开采工作面微震活动规律及易发区域方面的研究涉及较少,尚需进一步分析研究。

1.4 研究内容、方法及技术路线

1.4.1 技术路线

本书研究技术路线如图 1-3 所示。

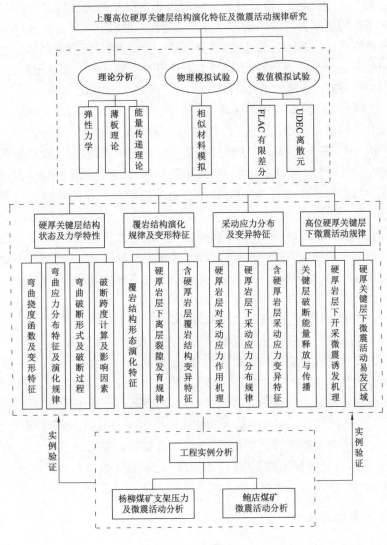

图 1-3 技术路线

1.4.2 研究的内容

根据目前高位硬厚关键层下开采相关理论的国内外研究现状,结合国家自然科学基金和山东省自然科学基金研究内容,将本书的主要研究内容归纳如下:

(1) 基于薄板理论和最小势能原理,研究四边固支、三边固支一边简支、两邻边固支两邻边简支、两对边固支两对边简支以及一边固支三边简支等五种边界条件的硬厚岩层结构状态以及力学特性,利用瑞利-里兹法求解不同边界条件硬厚岩层挠曲函数表达式,并分析其弯曲变形特征;研究硬厚岩层弯曲过程中的应力分布特征,揭示不同边界条件硬厚岩层破断形式及破断过程;研究硬厚岩层破断跨度及其影响因素。

(2) 利用相似材料模拟方法研究工作面上覆单层和两层高位硬厚岩层情况的覆岩结构演化规律,分析工作面开采后上覆岩层断裂规律;结合 UDEC 数值模拟结果,研究高位硬厚关键层下离层裂隙演化规律,揭示离层裂隙空间结构形态特征,并推导出离层裂隙空间体积计算式;通过无硬厚岩层覆岩结构演化规律的数值模拟结果,对比分析工作面上覆岩层赋存硬厚岩层时覆岩结构变异特征。

(3) 利用 FLAC 3D 数值模拟软件建立三维数值模型,研究硬厚关键层对采动应力分布的影响,详细分析单层硬厚关键层不同厚度、不同层位采动应力分布特征,两层硬厚岩层不同层间距采动应力分布特征,以及硬厚岩层条件下多工作面开采时不同开采阶段采动应力分布特征;通过建立无硬厚岩层工作面对比数值模型,揭示工作面上覆高位硬厚岩层时采动应力变异特征。

(4) 通过理论分析研究高位硬厚关键层破断过程能量储存与释放特征,揭示冲击震动能量在岩体中的传播规律;研究高位硬厚关键层下开采静载型和动载型微震诱发机理;根据 FLAC 3D 数值模拟结果,揭示单层、两层以及巨厚关键层下开采微震活动分布规律。

(5) 对杨柳煤矿 10416 工作面和鲍店煤矿 $103_{上}02$ 工作面进行现场实测,通过计算工作面上覆岩层破断参数,分析微震活动能量以及支架压力监测数据,验证分析高位硬厚关键层破断、覆岩结构、应力分布以及微震活动等理论研究成果。

1.4.3 研究的方法

在前期查阅了大量相关文献的基础上,主要运用以下几种方法开展本书

的研究工作:

（1）理论分析

基于弹性力学、薄板理论及能量传递理论,研究硬厚关键层变形破断规律、离层空间体积计算、硬厚岩层弯曲破断过程中能量储存与释放特征以及能量传播规律。

（2）物理模拟试验

通过相似材料模拟试验,分别建立单层和两层硬厚岩层条件的工作面地层模型,模拟分析工作面开采后不同硬厚岩层条件的覆岩结构演化规律。

（3）数值模拟试验

运用 FLAC 3D 有限差分软件和 UDEC 离散元数值软件,分别建立三维和二维硬厚关键层覆岩结构模型,模拟分析不同硬厚岩层条件下采动应力分布特征、覆岩结构和离层裂隙演化规律以及微震活动分布规律。

（4）现场实测

通过对杨柳煤矿 10416 工作面和鲍店煤矿 $103_{上}02$ 工作面现场实测,得到工作面支架压力和微震活动现场数据,验证高位硬厚关键层下开采理论研究成果。

第2章 硬厚关键层结构状态及力学特性

煤矿开采过程中,随着煤层的采出,采空区上覆岩层逐渐失去支撑,上覆岩层在自重及上部载荷的作用下发生弯曲、断裂并垮落。传统矿压理论将采空区上覆岩层简化为不同边界支承条件的梁,利用梁的弯曲变形理论分析上覆岩层的变形破断规律。当采空区上覆岩层存在硬厚主关键层时,由于硬厚岩层破断前悬露尺寸较大,利用梁理论计算求解岩层破断步距时会产生较大偏差。因此,根据硬厚岩层的特点,本章利用弹性薄板理论建立空间结构力学模型,分别对不同边界支承状态的硬厚岩层变形破断规律进行了分析研究。

2.1 硬厚关键层力学模型

2.1.1 硬厚关键层空间结构状态

由于煤系地层的分层特性差异,因此各岩层在上覆岩层垮落运动过程中的作用各不相同。弹性模量大、强度高以及厚度大的岩层在上覆岩体运动中起控制作用,即起承载主体与骨架作用;反之,较为软弱的薄岩层在活动中只起加载作用,其自重主要由硬厚岩层承担。所以,当采场覆岩中存在多个岩层时,对岩体活动全部或局部起控制作用的岩层称为关键层。通常情况下,控制着上部全部岩体运动的硬厚岩层称为主关键层,控制着上部局部岩体运动的硬厚岩层称为亚关键层[32],如图2-1所示。

煤层开采过程中,随着开采面积的不断增大,采空区上覆岩层逐渐发生破断垮落,离层裂隙逐步向上发育并止于高位硬厚关键层底部。随着继续推进,离层裂隙范围沿走向不断扩大,关键层底部悬露面积不断增大,当关键层悬露尺寸达到其极限跨距时便发生破断失稳。不同的工作面开采顺序以及不同的开采阶段,关键层破断前处于不同的边界支承状态。一般情况下,根据关键层在相邻工作面的破断情况以及本工作面外侧断层切割情况,初次破断边界支承状态包含五种形式:

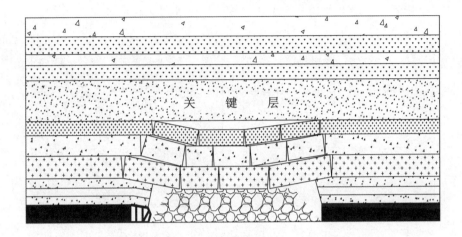

图 2-1　采场上覆岩层关键层示意图

（1）四边固支状态

通常，对于首采工作面且硬厚岩层破断前四周无切割断层，关键层破断前四周嵌固在岩体内。强度较高或者厚度较大的主关键层，极限跨度较大，连续多个工作面开采后，其底部悬跨尺寸才达到断裂跨度，该条件下主关键层初次破断前也可简化为四边固支状态，如图 2-2 所示。

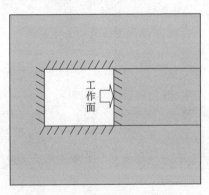

图 2-2　四边固支状态示意图

（2）三边固支—边简支状态

工作面开采初期，一侧为采空区或者开切眼外侧为采空区，并且硬厚关键层在采空区侧已发生破断垮落，其下方由工作面煤岩柱支撑形成简支。另外，未发生初次破断的硬厚关键层一侧被断层切割也可形成简支。这些情况的硬厚关键层在初次破断前均处于三边固支一边简支边界状态,如图2-3所示。

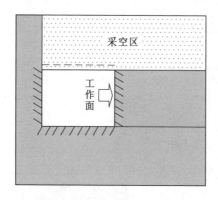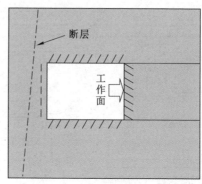

图2-3 三边固支一边简支状态示意图

(3) 两邻边固支两邻边简支状态

一般情况下,开采工作面初期相邻两侧为采空区,并且硬厚关键层在采空区已经发断裂垮落,或者开采工作面初期相邻两侧被断层切断,或者开采工作面初期相邻两侧中一侧为采空区、另一侧被断层切断。此时,工作面开采过程中,硬厚关键层初次破断前处于两邻边固支两邻边简支状态,如图2-4所示。

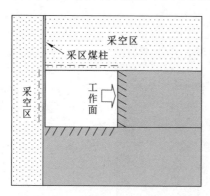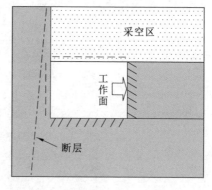

图2-4 两邻边固支两邻边简支状态示意图

(4) 两对边固支两对边简支状态

对于孤岛工作面,当开切眼外侧为实体煤,并且硬厚关键层在两侧采空区已发生垮落失稳时,其下方由工作面煤岩柱支撑;或者,当开采工作面一侧为采空区、一侧为断层,开切眼外侧为实体煤,并且硬厚关键层被断层切断时,其下方由断层煤岩柱支撑。此时,工作面开采初期,硬厚关键层处于两对边固支两对边简支状态,如图 2-5 所示。

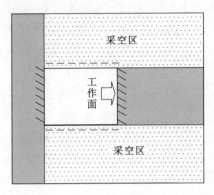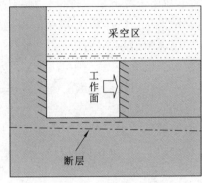

图 2-5　两对边固支两对边简支状态示意图

(5) 一边固支三边简支状态

若孤岛工作面开切眼外侧为采空区,硬厚关键层在采空区已发生垮落失稳,在开切眼侧下部由采区边界煤岩柱支撑;或者硬厚关键层在孤岛工作面开切眼外侧被断层切断,此时,孤岛工作面开采初期,硬厚关键层处于一边固支三边简支状态,如图 2-6 所示。

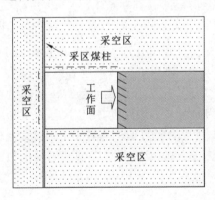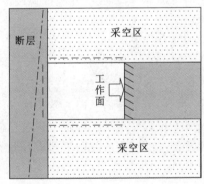

图 2-6　一边固支三边简支状态示意图

2.1.2　力学模型建立

在煤矿开采过程中,当上覆岩层中赋存硬厚岩层时,由于硬厚岩层具有强度高、厚度大、完整性好的特点,其初次破断前悬露尺寸较大,破断跨度远大于岩层厚度,而且硬厚岩层在运动过程中呈现出不同边界支承矩形板的特点。此时,再利用传统的矿压理论将其简化为不同支承条件的梁求解破断步距,所得理论结果将会产生较大偏差。根据弹性薄板理论[140],当硬厚岩层厚度与硬厚岩层破断面最小特征尺寸之比为 1/80～1/5 时,可将硬厚关键层简化为弹性薄板。硬厚关键层在初次破断之前,其极限弯曲挠度较小,往往远小于其厚度。所以在对硬厚关键层破断规律进行求解分析时,可将其视为弹性薄板的小挠度问题[15]。

由于硬厚关键层赋存条件和弯曲运动比较复杂,为了便于求解,根据薄板弯曲理论的 Kirchhoff 假设对其进行适当简化[141]:

(1)变形前垂直于硬厚岩板中性面的线段,在岩板弯曲变形后仍为垂直于中性面的直线段,并且其长度保持不变。

(2)与硬厚岩板内的应力 σ_x、σ_y 和 τ_{xy} 相比,垂直于岩板中性面方向的正应力 σ_z 很小,故忽略不计。

(3)硬厚岩板变形弯曲时,中性面内各点只有垂直位移 w,而无 x 方向和 y 方向的位移,即:

$$(u)_{z=0} = 0, (v)_{z=0} = 0, (w)_{z=0} = w(x, y)$$

在以上简化假设的基础上,根据高位硬厚关键层的赋存特点,取硬厚矩形岩板为分离体进行研究,建立高位硬厚关键层的弹性薄板力学模型,如图 2-7 所示。

取高位硬厚关键层为研究对象,以矩形岩板中性面为基准面,建立空间直角坐标系 $O\text{-}xyz$,如图 2-7(a)所示。其中,x 轴为工作面推进方向,y 轴为工作面倾斜方向,z 轴垂直向下;a 为硬厚关键层沿工作面走向悬露长度,b 为硬厚主关键层沿工作面倾向悬露长度;h 为硬厚关键层厚度;高位硬厚关键层自重及其上覆岩层重量在求解分析过程中简化为竖直的均布载荷 q。根据高位硬厚关键层破断前所处的不同边界状态,矩形岩板边界将会受到不同的应力边界条件。

2.1.3 硬厚关键层薄板力学分析[140]

随着工作面不断推进,高位硬厚关键层下方离层空间逐渐发育增大,矩形岩板在自重及上覆载荷作用下发生弯曲下沉,岩板内各点将会发生位移,并产生弯曲应力。根据弹性力学和 Kirchhoff 理论,矩形岩板任一点在 x 和 y 方向的位移沿岩板厚度方向呈线性分布,中性面处的位移为零,上、下表面处的

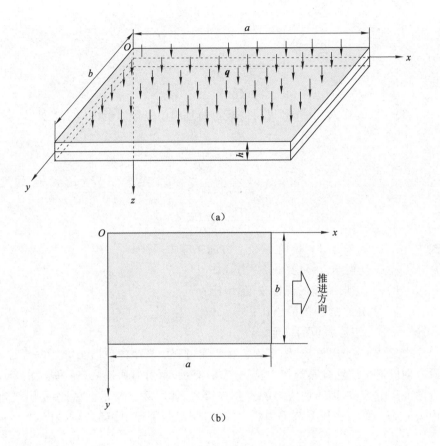

图 2-7　硬厚关键层弹性薄板力学模型

位移最大,即:

$$u = -\frac{\partial w}{\partial x}z, v = -\frac{\partial w}{\partial y}z \qquad (2\text{-}1)$$

根据应变和位移的关系可得:

$$\begin{cases} \varepsilon_x = \dfrac{\partial u}{\partial x} = -\dfrac{\partial^2 w}{\partial x^2}z \\[2mm] \varepsilon_y = \dfrac{\partial v}{\partial y} = -\dfrac{\partial^2 w}{\partial y^2}z \\[2mm] \gamma_{xy} = \dfrac{\partial v}{\partial x} + \dfrac{\partial u}{\partial y} = -2\dfrac{\partial^2 w}{\partial x \partial y}z \end{cases} \qquad (2\text{-}2)$$

由应力和应变之间关系可得：

$$\begin{cases} \sigma_x = \dfrac{E}{1-\mu^2}(\varepsilon_x + \mu\varepsilon_y) \\[2ex] \sigma_y = \dfrac{E}{1-\mu^2}(\varepsilon_y + \mu\varepsilon_x) \\[2ex] \tau_{xy} = G\gamma_{xy} \end{cases} \tag{2-3}$$

将式(2-2)代入式(2-3)可得薄板弯曲过程中矩形岩板内应力表达式为：

$$\begin{cases} \sigma_x = -\dfrac{Ez}{1-\mu^2}\left(\dfrac{\partial^2 w}{\partial x^2} + \mu\dfrac{\partial^2 w}{\partial y^2}\right) \\[2ex] \sigma_y = -\dfrac{Ez}{1-\mu^2}\left(\dfrac{\partial^2 w}{\partial y^2} + \mu\dfrac{\partial^2 w}{\partial x^2}\right) \\[2ex] \tau_{xy} = -\dfrac{Ez}{1+\mu}\dfrac{\partial^2 w}{\partial x\partial y} \end{cases} \tag{2-4}$$

式中　σ_x、σ_y——矩形岩板内 x 和 y 方向正应力，MPa；

　　　τ_{xy}——矩形岩板内的切应力，MPa；

　　　E——矩形岩板的弹性模量，MPa；

　　　μ——矩形岩板的泊松比；

　　　w——矩形岩板的挠度，m。

由式(2-4)可以看出，矩形岩板在弯曲过程中产生的应力 σ_x、σ_y 和 τ_{xy} 沿板厚方向同样呈线性分布规律，且其分布具有反对称性，所以 σ_x、σ_y 和 τ_{xy} 沿板厚方向的积分为零，即弯曲应力的主矢等于零，如图 2-8 所示。由此说明，弯曲内力 σ_x、σ_y 和 τ_{xy} 在板厚范围构成力偶，则在弯曲过程中矩形岩板内部产生的弯矩为：

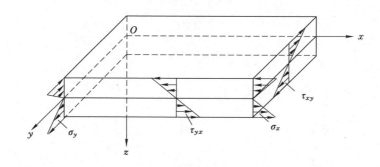

图 2-8　矩形岩板弯曲应力分布图

$$\begin{cases} M_x = \displaystyle\int_{-h/2}^{h/2} z\sigma_x \, \mathrm{d}z \\[2mm] M_y = \displaystyle\int_{-h/2}^{h/2} z\sigma_y \, \mathrm{d}z \\[2mm] M_{xy} = \displaystyle\int_{-h/2}^{h/2} z\tau_{xy} \, \mathrm{d}z \\[2mm] M_{yx} = \displaystyle\int_{-h/2}^{h/2} z\tau_{yx} \, \mathrm{d}z \end{cases} \tag{2-5}$$

由式(2-4)和式(2-5)联立,并由切应力互等原理 $\tau_{xy} = \tau_{yx}$ 可得:

$$\begin{cases} M_x = -D\left(\dfrac{\partial^2 w}{\partial x^2} + \mu \dfrac{\partial^2 w}{\partial y^2}\right) \\[3mm] M_y = -D\left(\dfrac{\partial^2 w}{\partial y^2} + \mu \dfrac{\partial^2 w}{\partial x^2}\right) \\[3mm] M_{xy} = M_{yx} = -D(1-\mu)\dfrac{\partial^2 w}{\partial x \partial y} \end{cases} \tag{2-6}$$

式中　M_x、M_y——矩形岩板内 x 和 y 方向的弯矩,N·m;

M_{xy}、M_{yx}——矩形岩板内的扭矩,N·m;

D——矩形岩板的抗弯刚度,$D = \dfrac{Eh^3}{12(1-\mu^2)}$,N·m。

根据弹性薄板理论,弯矩 M_x、M_y 使岩板在 $z>0$ 的横截面上产生正的正应力 σ_x、σ_y 时为正;扭矩 M_{xy} 和 M_{yx} 使岩板在 $z>0$ 的横截面上产生正的切应力 τ_{xy}、τ_{yx} 时为正。

工作面开采过程中,高位硬厚关键层在初次破断失稳前,矩形岩板内部各个弯曲内力、外部载荷以及边界支承力组成的力系下处于平衡状态。由此可得平衡方程:

$$\begin{cases} \dfrac{\partial \sigma_x}{\partial x} + \dfrac{\partial \tau_{yx}}{\partial y} + \dfrac{\partial \tau_{zx}}{\partial z} = 0 \\[3mm] \dfrac{\partial \tau_{xy}}{\partial x} + \dfrac{\partial \sigma_y}{\partial y} + \dfrac{\partial \tau_{zy}}{\partial z} = 0 \end{cases} \tag{2-7}$$

将式(2-4)代入式(2-6)积分可得:

$$\begin{cases} \tau_{zx} = \dfrac{1}{2}\left(z^2 - \dfrac{h^2}{4}\right)\left[\dfrac{E}{1-\mu^2}\dfrac{\partial}{\partial x}\left(\dfrac{\partial^2 w}{\partial x^2} + \mu\dfrac{\partial^2 w}{\partial y^2}\right) + 2G\dfrac{\partial^3 w}{\partial x \partial y^2}\right] \\[3mm] \tau_{zy} = \dfrac{1}{2}\left(z^2 - \dfrac{h^2}{4}\right)\left[\dfrac{E}{1-\mu^2}\dfrac{\partial}{\partial y}\left(\dfrac{\partial^2 w}{\partial x^2} + \mu\dfrac{\partial^2 w}{\partial y^2}\right) + 2G\dfrac{\partial^3 w}{\partial x^2 \partial y}\right] \end{cases} \tag{2-8}$$

由切应力互等原理,$\tau_{xz} = \tau_{zx}$、$\tau_{yz} = \tau_{zy}$,利用圣维南原理,沿矩形岩板厚度方向对切应力 τ_{xz}、τ_{yz} 进行积分,可得岩板的剪力 Q_x 和 Q_y:

$$\begin{cases} Q_x = \displaystyle\int_{-h/2}^{h/2} \tau_{xz}\,\mathrm{d}z = -D\,\frac{\partial}{\partial x}\left(\frac{\partial^2 w}{\partial x^2} + \frac{\partial^2 w}{\partial y^2}\right) \\[3mm] Q_x = \displaystyle\int_{-h/2}^{h/2} \tau_{yz}\,\mathrm{d}z = -D\,\frac{\partial}{\partial y}\left(\frac{\partial^2 w}{\partial x^2} + \frac{\partial^2 w}{\partial y^2}\right) \end{cases} \tag{2-9}$$

由式(2-6)和式(2-9)联立可得:

$$\begin{cases} Q_x = \dfrac{\partial M_x}{\partial x} + \dfrac{\partial M_{xy}}{\partial y} \\[3mm] Q_y = \dfrac{\partial M_y}{\partial y} + \dfrac{\partial M_{xy}}{\partial x} \end{cases} \tag{2-10}$$

由矩形岩板破断前力系平衡可知,$\sum F_z = 0$,有:

$$\frac{\partial Q_x}{\partial x} + \frac{\partial Q_y}{\partial y} + q = 0 \tag{2-11}$$

将式(2-10)代入式(2-11)可得:

$$\frac{\partial^2 M_x}{\partial x^2} + 2\,\frac{\partial^2 M_{xy}}{\partial x \partial y} + \frac{\partial^2 M_y}{\partial y^2} + q(x,y) = 0 \tag{2-12}$$

最后将式(2-6)代入式(2-12)可得:

$$\frac{\partial^4 w}{\partial x^4} + 2\,\frac{\partial^4 w}{\partial x^2 \partial y^2} + \frac{\partial^4 w}{\partial y^4} = \frac{q(x,y)}{D} \tag{2-13}$$

上式即为小挠度弹性薄板弯曲面的微分方程,即:

$$\nabla^2 \nabla^2 w(x,y) = \frac{q(x,y)}{D} \tag{2-14}$$

式中 ∇^2——拉普拉斯算子,$\nabla^2 = \dfrac{\partial^2}{\partial x^2} + \dfrac{\partial^2}{\partial y^2}$。

根据高位硬厚关键层初次破断前后的空间结构状态,弹性矩形岩板边界一般有固支边、简支边和自由边三种情况,如图 2-9 所示。

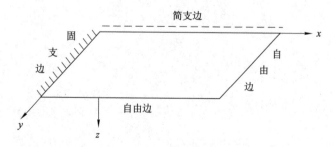

图 2-9 矩形岩板边界条件

（1）固支边

$$(w)_{x=0} = 0, \left(\frac{\partial w}{\partial x}\right)_{x=0} = 0 \tag{2-15}$$

（2）简支边

$$(w)_{y=0} = 0, \left(\frac{\partial^2 w}{\partial y^2}\right)_{y=0} = 0 \tag{2-16}$$

（3）自由边

$$\begin{cases} \left(\dfrac{\partial^2 w}{\partial x^2} + \mu \dfrac{\partial^2 w}{\partial y^2}\right)_{x=a} = 0, \left[\dfrac{\partial^3 w}{\partial x^3} + (2-\mu)\dfrac{\partial^3 w}{\partial x \partial y^2}\right]_{x=a} = 0 \\[3mm] \left(\dfrac{\partial^2 w}{\partial y^2} + \mu \dfrac{\partial^2 w}{\partial x^2}\right)_{y=b} = 0, \left[\dfrac{\partial^3 w}{\partial y^3} + (2-\mu)\dfrac{\partial^3 w}{\partial x^2 \partial y}\right]_{y=b} = 0 \end{cases} \tag{2-17}$$

2.2　硬厚关键层弯曲理论分析

钱鸣高[4]院士根据 Marcus 修正简化解推导出了四种边界条件基本顶岩板初次破断步距计算式,贾喜荣[10]教授利用瑞利-里兹法求解出两种边界条件矩形岩板的挠度方程。本书在两位专家学者研究成果的基础上,分别建立四边固支、三边固支一边简支、两邻边固支两邻边简支、两对边固支两对边简支以及一边固支三边简支等五种边界状态硬厚岩层弹性薄板的小挠度问题力学模型,利用能量变分法(瑞利-里兹法),建立精确满足边界条件的复合三角级数表示的挠曲方程,并对薄板弯曲面微分方程的满足条件予以一定的放松[142]。然后利用最小势能变分原理,求解复合三角级数挠曲函数中的待定常数,推导出后四种边界条件硬厚岩层的挠度方程以及最大拉应力表达式。

2.2.1　硬厚关键弯曲函数求解原理[10,141]

根据弹性薄板理论,矩形岩板在弯曲变形过程中,弯曲内力做功产生的变形能为:

$$U_p = \frac{1}{2}\iint\limits_{A}(\sigma_x \varepsilon_x + \sigma_y \varepsilon_y + \tau_{xy}\gamma_{xy})\mathrm{d}x\mathrm{d}y \tag{2-18}$$

将式(2-2)应变分量和式(2-3)应力分量代入式(2-18)可得:

$$U_p = \frac{1}{2}D\iint\limits_{A}\left\{\left(\frac{\partial^2 w}{\partial x^2} + \frac{\partial^2 w}{\partial y^2}\right)^2 - 2(1-\mu)\left[\frac{\partial^2 w}{\partial x^2}\frac{\partial^2 w}{\partial y^2} - \left(\frac{\partial^2 w}{\partial x \partial y}\right)^2\right]\right\}\mathrm{d}x\mathrm{d}y$$

$$\tag{2-19}$$

式中　U_p——矩形岩板弯曲变形能,J。

上覆岩层载荷 q 在硬厚关键层弯曲变形过程中所做的功 U_q 为：

$$U_q = \iint qw\,\mathrm{d}x\mathrm{d}y \tag{2-20}$$

矩形岩板的总势能等于板的变形能与上覆载荷对岩板所做功之差，即：

$$I = U_p - U_q \tag{2-21}$$

式中　U_q——上覆载荷对岩板弯曲所做的功，J。

则有：

$$I = \iint_A \left\{ \frac{1}{2} D \left\{ \left(\frac{\partial^2 w}{\partial x^2} + \frac{\partial^2 w}{\partial y^2} \right)^2 - 2(1-\mu) \left[\frac{\partial^2 w}{\partial x^2} \frac{\partial^2 w}{\partial y^2} - \left(\frac{\partial^2 w}{\partial x \partial y} \right)^2 \right] \right\} - qw \right\} \mathrm{d}x\mathrm{d}y$$

$$\tag{2-22}$$

式中　I——矩形岩板弯曲过程中的总势能，J。

根据最小势能原理，当矩形岩板处于平衡状态时，其势能最小。即岩板在给定外力作用下，在所有可能的几何位移中，其真实的位移使板总势能的变分为零，即：

$$\Delta I = 0 \tag{2-23}$$

假设弹性矩形岩板的弯曲方程 $w(x,y)$ 为：

$$w(x,y) = a_1 f_1(x,y) + a_2 f_2(x,y) + a_3 f_3(x,y) + \cdots + a_n f_n(x,y)$$

$$\tag{2-24}$$

式（2-24）中的每一项 $f_i(x,y)$ 均满足薄板弯曲的应力边界条件，a_i 为待定常数，由最小势能变分原理可得：

$$\frac{\partial I}{\partial a_1} = 0, \frac{\partial I}{\partial a_2} = 0, \cdots, \frac{\partial I}{\partial a_n} = 0 \tag{2-25}$$

于是，得出一个关于 a_i 的线性方程组，经过求解可以得到待定常数 a_i。一般情况下，求解薄板弯曲挠度函数，选取的项数 n 越大，级数的收敛性越好，所得到的结果越精确。但是在实际运算过程中，由于项数较多往往带来计算困难，所以为了便于计算，通常选择有限几项。

2.2.2　不同边界条件硬厚关键层弯曲变形特征

（1）四边固支矩形岩板

根据硬厚关键层初次破断前四边固支空间结构特点，矩形岩板四边嵌固在岩层内，形成四边固支边界条件的矩形岩板，如图 2-10 所示。四边固支矩形岩板边界条件为：

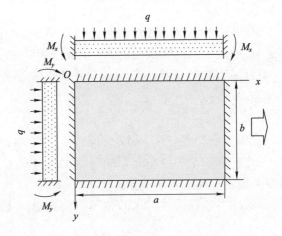

图 2-10　四边固支矩形岩板力学模型

$$\begin{cases} w \big|_{x=0,a} = 0, \dfrac{\partial w}{\partial x}\bigg|_{x=0,a} = 0 \\ w \big|_{y=0,b} = 0, \dfrac{\partial w}{\partial y}\bigg|_{y=0,b} = 0 \end{cases} \tag{2-26}$$

根据四边固支矩形岩板的边界特点,取满足条件的挠度函数为[9]:

$$w(x,y) = \sum_{m=1}^{\infty} \sum_{n=1}^{\infty} A_{mn} \sin^2 \frac{m\pi x}{a} \sin^2 \frac{n\pi y}{b} \quad (m,n = 1,2,3,\cdots) \tag{2-27}$$

同样,为了简化运算,取复合三角函数项数 $m=1,2$ 及 $n=1,2$,即:

$$w(x,y) = A_{11}\sin^2 \frac{\pi x}{a} \sin^2 \frac{\pi y}{b} + A_{12}\sin^2 \frac{\pi x}{a} \sin^2 \frac{2\pi y}{b} +$$

$$A_{21}\sin^2 \frac{2\pi x}{a} \sin^2 \frac{\pi y}{b} + A_{22}\sin^2 \frac{2\pi x}{a} \sin^2 \frac{2\pi y}{b} \tag{2-28}$$

利用 Mathematica 数学软件进行求解计算,将式(2-28)代入式(2-22)积分可得:

$$I = \frac{D\pi^4}{8a^3b^3} \Big[(3A_{11}^2 + 48A_{12}^2 + 3A_{21}^2 + 48A_{22}^2 + 4A_{11}A_{21} + 64A_{12}A_{22})a^4 +$$

$$2a^2b^2(A_{11}^2 + 4A_{12}^2 + 4A_{21}^2 + 4A_{22}^2) + (3A_{11}^2 + 3A_{12}^2 + 48A_{21}^2 + 48A_{22}^2 +$$

$$4A_{11}A_{12} + 64A_{21}A_{22})b^4 \Big] - \frac{abq}{4}(A_{11} + A_{12} + A_{21} + A_{22}) \tag{2-29}$$

根据最小势能原理,令 $\partial I/\partial A_{ij} = 0$,可得:

$$A_{11} = A_0(80a^{12} + 760a^{10}b^2 + 5\,027a^8b^4 + 7\,146a^6b^6 + 5\,027a^4b^8 +$$

$$760a^2b^{10} + 80b^{12}) \tag{2-30}$$

$$A_{12} = A_0(a^2 + b^2)^2(5a^8 + 30a^6b^2 + 237a^4b^4 + 120a^2b^6 + 80b^8) \tag{2-31}$$

$$A_{21} = A_0(a^2 + b^2)^2(80a^8 + 120a^6b^2 + 237a^4b^4 + 30a^2b^6 + 5b^8) \tag{2-32}$$

$$A_{22} = A_0(80a^{12} + 520a^{10}b^2 + 1\ 487a^8b^4 + 546a^6b^6 + 1\ 487a^4b^8 +$$
$$520a^2b^{10} + 80b^{12}) \tag{2-33}$$

其中：

$$A_0 = a^4b^4q/D\pi^4(400a^{16} + 3\ 000a^{14}b^2 + 17\ 965a^{12}b^4 + 35\ 100a^{10}b^6 +$$
$$45\ 662a^8b^8 + 35\ 100a^6b^{10} + 17\ 965a^4b^{12} + 3\ 000a^2b^{14} + 400b^{16}) \tag{2-34}$$

式中　q——硬厚关键层自重及上方岩层重量，MPa。

将式(2-30)～式(2-34)代入式(2-28)便可得到四边固支矩形岩板挠度表达式。

令$\dfrac{\partial w^2(x,y)}{\partial x \partial y} = 0$，可得：

$$\frac{\pi^2 A_{11}}{ab}\sin\frac{2\pi x}{a}\sin\frac{2\pi y}{b} + \frac{2\pi^2 A_{12}}{ab}\sin\frac{2\pi x}{a}\sin\frac{4\pi y}{b} + \frac{4\pi^2 A_{21}}{ab}\sin\frac{4\pi x}{a}\sin\frac{2\pi y}{b} +$$
$$\frac{4\pi^2 A_{21}}{ab}\sin\frac{4\pi x}{a}\sin\frac{2\pi y}{b} = 0 \tag{2-35}$$

经求解：

$$x = \frac{a}{2}, y = \frac{b}{2}$$

即四边固支矩形岩板在自重及上覆载荷作用下挠度的最大点为$(a/2, b/2)$，如图2-11所示。

（2）三边固支一边简支矩形岩板

通常，对于工作面开采初期一侧采空或者一侧被断层切断的高位硬厚关键层，其三条边固支在岩层内，采空区或断层一边由下位煤岩柱支承，形成三边固支一边简支边界条件的矩形岩板，如图2-12所示。

在上覆载荷作用下，三边固支一边简支矩形岩板边界条件为：

$$\begin{cases} w\big|_{x=0,a} = 0, & \dfrac{\partial w}{\partial x}\bigg|_{x=0,a} = 0 \\[2mm] w\big|_{y=0,b} = 0, & \dfrac{\partial w}{\partial y}\bigg|_{y=b} = 0 \\[2mm] \dfrac{\partial^2 w}{\partial y^2}\bigg|_{y=0} = 0 \end{cases} \tag{2-36}$$

根据三边固支一边简支矩形岩板的边界特点，取满足条件的挠度函数为：

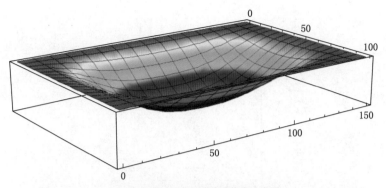

（a）四边固支矩形岩板弯曲挠度三维图

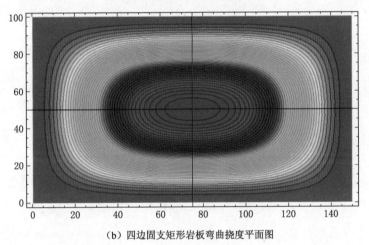

（b）四边固支矩形岩板弯曲挠度平面图

图 2-11　四边固支矩形岩板弯曲挠度图

$$w(x,y) = \sum_{m=1}^{\infty} \sum_{n=1}^{\infty} B_{mn} y \sin^2 \frac{m\pi x}{a} \cos^2 \frac{n\pi y}{2b} \quad (m=1,2,\cdots; n=1,3,\cdots)$$

$$(2\text{-}37)$$

对于复合三角级数的薄板弯曲挠度表达式，由于无穷级数的复杂性，为了便于计算，取 $m=1,2$ 及 $n=1,3$，可得：

$$w(x,y) = B_{11} y \sin^2 \frac{\pi x}{a} \cos^2 \frac{\pi y}{2b} + B_{13} y \sin^2 \frac{\pi x}{a} \cos^2 \frac{3\pi y}{2b} +$$

$$B_{21} y \sin^2 \frac{2\pi x}{a} \cos^2 \frac{\pi y}{2b} + B_{23} y \sin^2 \frac{2\pi x}{a} \cos^2 \frac{3\pi y}{2b} \qquad (2\text{-}38)$$

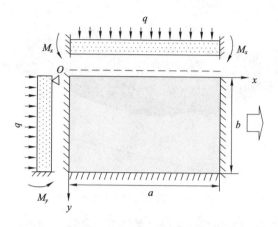

图 2-12　三边固支一边简支矩形岩板力学模型

将式(2-38)代入式(2-22),经过积分可得:

$$I = \frac{D\pi^2}{4\,608a^3b}\Big\{3a^4\big[4\pi^2(3B_{11}^2 + 243B_{13}^2 + 243B_{23}^2 + 4B_{11}B_{21} + 324B_{13}B_{23}) + $$

$$90B_{11}^2 + 810B_{13}^2 + 90B_{21}^2 + 810B_{23}^2 + 405B_{11}B_{13} + 120B_{11}B_{21} + 270B_{13}B_{21} + $$

$$27B_{11}B_{23} + 1\,080B_{13}B_{23} + 405B_{21}B_{23}\big] + 24a^2b^2\big[4\pi^2(B_{11}^2 + 9B_{13}^2 + 4B_{21}^2 + $$

$$36B_{23}^2) - 6B_{11}^2 - 6B_{13}^2 - 24B_{21}^2 - 24B_{23}^2 + 27B_{11}B_{13} + 108B_{21}B_{23}\big] + $$

$$16b^4\big[12\pi^2(3B_{11}^2 + 3B_{13}^2 + 48B_{21}^2 + 48B_{23}^2 + 4B_{11}B_{13} + 64B_{21}B_{23}) - $$

$$270B_{11}^2 - 30B_{13}^2 - 4320B_{21}^2 - 480B_{23}^2 - 275B_{11}B_{13} - 4\,400B_{21}B_{23}\big]\Big\} - $$

$$\frac{ab^2q}{72\pi^2}\big[9\pi^2(B_{11} + B_{13} + B_{21} + B_{23}) - 36B_{11} - 4B_{13} - 36B_{21} - 4B_{23}\big]$$

$$(2\text{-}39)$$

根据最小势能原理,令 $\partial I/\partial B_{ij} = 0$,可得待定常数 B_{11}、B_{13}、B_{21} 和 B_{23} 表达式,详见附录。将待定常数 B_{ij} 代入式(2-38)便可得到三边固支一边简支矩形岩板挠度表达式。

令 $\dfrac{\partial^2 w(x,y)}{\partial x \partial y} = 0$,可得:

$$\left(\frac{\pi}{a}\sin\frac{2\pi x}{a}\cos^2\frac{\pi y}{2b} - \frac{\pi^2 y}{2ab}\sin\frac{2\pi x}{a}\sin\frac{\pi y}{b}\right)B_{11} + \left(\frac{\pi}{a}\sin\frac{2\pi x}{a}\cos^2\frac{\pi y}{2b} - \right.$$

$$\left.\frac{3\pi^2 y}{2ab}\sin\frac{2\pi x}{a}\sin\frac{3\pi y}{b}\right)B_{13} + \left(\frac{2\pi}{a}\sin\frac{4\pi x}{a}\cos^2\frac{\pi y}{2b} - \frac{\pi^2 y}{ab}\sin\frac{4\pi x}{a}\sin\frac{\pi y}{b}\right)B_{21} + $$

$$\left(\frac{2\pi}{a}\sin\frac{4\pi x}{a}\cos^2\frac{3\pi y}{2b} - \frac{3\pi^2 y}{ab}\sin\frac{4\pi x}{a}\sin\frac{3\pi y}{b}\right)B_{23} = 0 \tag{2-40}$$

经求解可得：

$$x = \frac{a}{2}, y = \frac{13b}{10\pi}$$

由此可见，三边固支一边简支矩形岩板在弯曲过程中，其挠度最大点偏向简支边一侧，最大点为$(a/2, 13b/10\pi)$，如图 2-13 所示。

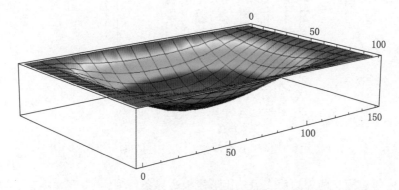

（a）三边固支一边简支矩形岩板弯曲挠度三维图

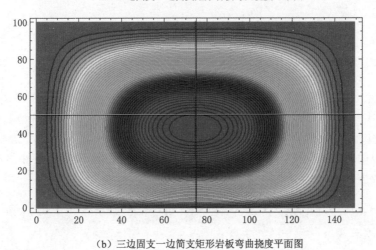

（b）三边固支一边简支矩形岩板弯曲挠度平面图

图 2-13　三边固支一边简支矩形岩板弯曲挠度图

（3）两邻边固支两邻边简支矩形岩板

根据高位硬厚关键层破断前的空间结构状态，两邻边固支两邻边简支矩形岩板破断前两邻边嵌固在岩层内,另外两邻边由于采空区或者断层煤岩柱支承,形成简支状态,其力学模型如图 2-14 所示。

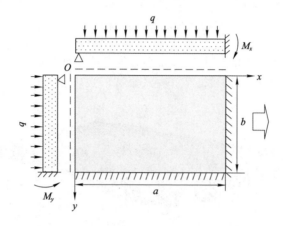

图 2-14　两邻边固支两邻边简支矩形岩板力学模型

两邻边固支两邻边简支力学矩形岩板边界条件为:

$$
\begin{cases}
w\big|_{x=0,a}=0,\ \dfrac{\partial w}{\partial x}\bigg|_{x=a}=0 \\[2mm]
w\big|_{y=0,b}=0,\ \dfrac{\partial w}{\partial y}\bigg|_{y=b}=0 \\[2mm]
\dfrac{\partial^2 w}{\partial x^2}\bigg|_{x=0}=0 \\[2mm]
\dfrac{\partial^2 w}{\partial y^2}\bigg|_{y=0}=0
\end{cases}
\tag{2-41}
$$

根据两邻边固支两邻边简支矩形岩板的边界特点,取满足条件的弯曲挠度函数为:

$$
w(x,y)=\sum_{m=1}^{\infty}\sum_{n=1}^{\infty}C_{mn}xy\cos^2\frac{m\pi x}{2a}\cos^2\frac{n\pi y}{2b}\quad(m,n=1,3,5,\cdots)
\tag{2-42}
$$

同样,为了简化运算,复合三角函数项数取 $m=1,3$ 及 $n=1,3$,即:

$$
\begin{aligned}
w(x,y)=&\ C_{11}xy\cos^2\frac{\pi x}{2a}\cos^2\frac{\pi y}{2b}+C_{13}xy\cos^2\frac{\pi x}{2a}\cos^2\frac{3\pi y}{2b}+\\
&\ C_{31}xy\cos^2\frac{3\pi x}{2a}\cos^2\frac{\pi y}{2b}+C_{33}xy\cos^2\frac{3\pi x}{2a}\cos^2\frac{3\pi y}{2b}
\end{aligned}
\tag{2-43}
$$

将式(2-47)代入式(2-22),经过积分可得:

$$I = \frac{D}{110\ 592ab}\{a^4[11\ 797C_{11}^2 + 588\ 590C_{13}^2 + 15\ 042C_{31}^2 + 750\ 518C_{33}^2 +$$

$$22\ 935C_{11}C_{13} + 275\ 334C_{11}C_{31} + 26\ 765C_{11}C_{33} + 26\ 765C_{13}C_{31} +$$

$$1\ 373\ 753C_{13}C_{33} + 29\ 245C_{31}C_{33}] + 6a^2b^2[2\ 236C_{11}^2 + 23\ 336C_{13}^2 +$$

$$23\ 336C_{31}^2 + 243\ 526C_{33}^2 + 1\ 806C_{11}C_{13} + 1\ 806C_{11}C_{31} + 19\ 896C_{13}C_{31} +$$

$$18\ 843C_{13}C_{33} + 729C_{11}C_{33} - 324C_{31}C_{33}] + b^4[11\ 797C_{11}^2 + 45\ 127C_{13}^2 +$$

$$588\ 590C_{31}^2 + 2\ 251\ 555C_{33}^2 + 27\ 534C_{11}C_{13} + 1\ 373\ 753C_{31}C_{33} +$$

$$22\ 935C_{11}C_{31} + 28\ 250C_{11}C_{33} + 26\ 765C_{13}C_{31} + 87\ 735C_{13}C_{33}]\} -$$

$$\frac{a^2b^2q}{1\ 296\pi^4}[2\ 781C_{11} + 4\ 469C_{13} + 4\ 469C_{31} + 7\ 180C_{33}] \tag{2-44}$$

根据最小势能原理,令 $\partial I/\partial C_{ij} = 0$,可得待定常数 C_{11}、C_{13}、C_{31} 和 C_{33} 表达式,详见附录。将待定常数 C_{ij} 代入式(2-43)便可得到两邻边固支两邻边简支矩形岩板挠度表达式。

令 $\dfrac{\partial^2 w(x,y)}{\partial x \partial y} = 0$,可得:

$$\left(\cos^2\frac{\pi x}{2a}\cos^2\frac{\pi y}{2b} - \frac{\pi y}{2b}\cos^2\frac{\pi x}{2a}\sin\frac{\pi y}{a} - \frac{\pi x}{2a}\sin\frac{\pi x}{a}\cos^2\frac{\pi y}{2b} + \frac{\pi^2 xy}{4ab}\sin\frac{\pi x}{a}\sin\frac{\pi y}{b}\right)C_{11} +$$

$$\left(\cos^2\frac{\pi x}{2a}\cos^2\frac{\pi y}{2b} - \frac{\pi x}{2a}\sin\frac{\pi x}{a}\cos^2\frac{3\pi y}{2b} - \frac{3\pi y}{2b}\cos^2\frac{\pi x}{2a}\sin\frac{3\pi y}{a} + \frac{3\pi^2 xy}{4ab}\sin\frac{\pi x}{a}\sin\frac{3\pi y}{b}\right)C_{13} +$$

$$\left(\cos^2\frac{3\pi x}{2a}\cos^2\frac{\pi y}{2b} - \frac{3\pi x}{2a}\sin\frac{3\pi x}{a}\sin\frac{\pi y}{b} - \frac{\pi y}{2b}\cos^2\frac{3\pi x}{2a}\sin\frac{\pi y}{b} + \frac{3\pi^2 xy}{4ab}\sin\frac{3\pi x}{a}\sin\frac{\pi y}{b}\right)C_{31} +$$

$$\left(\cos^2\frac{3\pi x}{2a}\cos^2\frac{3\pi y}{2b} - \frac{3\pi x}{2a}\sin\frac{3\pi x}{a}\cos^2\frac{3\pi y}{2b} - \frac{3\pi y}{2b}\cos^2\frac{3\pi x}{2a}\sin\frac{3\pi y}{b} + \frac{9\pi^2 xy}{4ab}\sin\frac{3\pi x}{a}\sin\frac{3\pi y}{b}\right)C_{33}$$

$$= 0 \tag{2-45}$$

经求解可得:

$$x = \frac{13a}{10\pi}, y = \frac{13b}{10\pi}$$

由此可见,两邻边固支两邻边简支矩形岩板在弯曲过程中,其挠度最大点偏向两相邻简支边一侧,最大点为 $(13a/10\pi, 13b/10\pi)$,如图 2-15 所示。

(4) 两对边固支两对边简支矩形岩板

由高位硬厚关键层初次破断前空间结构状态可知,该结构矩形岩板一般情况下开切眼和工作面上方硬厚岩层嵌固在煤岩体内,在工作面两侧硬厚岩

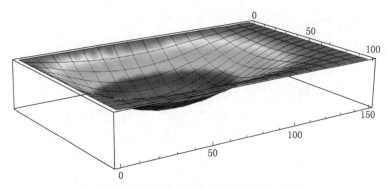

（a）两邻边固支两邻边简支矩形岩板弯曲挠度三维图

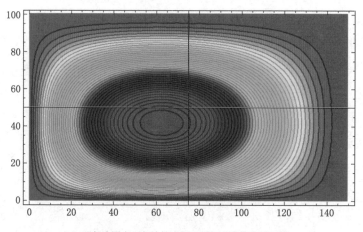

（b）两邻边固支两邻边简支矩形岩板弯曲挠度平面图

图 2-15　两邻边固支两邻边简支矩形岩板弯曲挠度图

层由下方煤岩柱支承,形成两对边固支两对边简支矩形岩板结构,其力学模型如图 2-16 所示。

两对边固支两对边简支力学矩形岩板边界条件为:

$$\begin{cases} w\big|_{x=0,a} = 0, \ \dfrac{\partial w}{\partial x}\bigg|_{x=0,a} = 0 \\[3mm] w\big|_{y=0,b} = 0, \ \dfrac{\partial^2 w}{\partial y^2}\bigg|_{y=0,b} = 0 \end{cases} \tag{2-46}$$

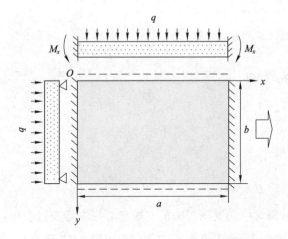

图 2-16　两对边固支两对边简支矩形岩板力学模型

根据两对边固支两对边简支矩形岩板的边界特点,取满足条件的弯曲挠度函数为:

$$w(x,y) = \sum_{m=1}^{\infty} \sum_{n=1}^{\infty} D_{mn} \sin^2 \frac{m\pi x}{a} \sin \frac{n\pi y}{b} \quad (m = 1,2,3,\cdots; n = 1,3,5,\cdots)$$

$$(2\text{-}47)$$

为了简化运算,取复合三角函数项数为 $m=1,2$ 及 $n=1,3$,即:

$$w(x,y) = D_{11} \sin^2 \frac{\pi x}{a} \sin \frac{\pi y}{b} + D_{13} \sin^2 \frac{\pi x}{a} \sin \frac{3\pi y}{b} + D_{21} \sin^2 \frac{2\pi x}{a} \sin \frac{\pi y}{b} +$$

$$D_{23} \sin^2 \frac{2\pi x}{a} \sin \frac{3\pi y}{b} \qquad (2\text{-}48)$$

将式(2-48)代入式(2-22),经过积分可得:

$$I = \frac{D\pi^4}{32a^3 b^3} \big[a^4 (3D_{11}^2 + 243D_{13}^2 + 3D_{21}^2 + 243D_{23}^2 + 4D_{11}D_{21} + 324D_{13}D_{23}) +$$

$$8a^2 b^2 (D_{11}^2 + 9D_{13}^2 + 4D_{21}^2 + 36D_{23}^2) + 16b^4 (D_{11}^2 + D_{13}^2 + 16D_{21}^2 + 16D_{23}^2) \big] -$$

$$\frac{abq}{3\pi} (3D_{11} + D_{13} + 3D_{21} + D_{23}) \qquad (2\text{-}49)$$

根据最小势能原理,令 $\partial I / \partial D_{ij} = 0$,可得待定常数 D_{11}、D_{13}、D_{21} 和 D_{23} 表达式,详见附录。将待定常数 D_{ij} 代入式(2-48)便可得到两对边固支两对边简支

矩形岩板挠度表达式。

令 $\dfrac{\partial^2 w(x,y)}{\partial x \partial y}=0$，可得：

$$\frac{\pi^2}{ab}\sin\frac{2\pi x}{a}\cos\frac{\pi y}{b}D_{11}+\frac{3\pi^2}{ab}\sin\frac{2\pi x}{a}\cos\frac{3\pi y}{b}D_{13}+\frac{2\pi^2}{ab}\sin\frac{4\pi x}{a}\cos\frac{\pi y}{b}D_{21}+$$

$$\frac{6\pi^2}{ab}\sin\frac{4\pi x}{a}\cos\frac{3\pi y}{b}D_{23}=0 \tag{2-50}$$

经求解可得：

$$x=\frac{a}{2},y=\frac{b}{2}$$

由此可见，两对边固支两对边简支矩形岩板在弯曲过程中，其挠度最大点位于矩形岩板的中点，最大点为$(a/2,b/2)$，如图 2-17 所示。

（5）一边固支三边简支矩形岩板

根据高位硬厚关键层初次破断前空间结构状态，孤岛工作面相邻三边为采空区，或者被断层切断，这样矩形岩板一边嵌固在煤岩层内，其他三边由下方煤岩柱支承，形成一边固支三边简支边界状态，其力学模型如图 2-18 所示。

根据一边固支三边简支力学模型，其边界条件为：

$$\begin{cases} w\big|_{x=0,a}=0,\dfrac{\partial w}{\partial x}\bigg|_{x=a}=0 \\[3mm] \dfrac{\partial^2 w}{\partial x^2}\bigg|_{x=0}=0 \\[3mm] w\big|_{y=0,b}=0,\dfrac{\partial^2 w}{\partial y^2}\bigg|_{y=0,b}=0 \end{cases} \tag{2-51}$$

根据一边固支三边简支矩形岩板的边界特点，取满足条件的弯曲挠度函数为：

$$w(x,y)=\sum_{m=1}^{\infty}\sum_{n=1}^{\infty}E_{mn}x\cos^2\frac{m\pi x}{2a}\sin\frac{n\pi y}{b} \quad (m,n=1,3,5,\cdots) \tag{2-52}$$

同样，为了简化运算，取复合三角函数项数为 $m=1,3$ 及 $n=1,3$，即：

$$w(x,y)=E_{11}x\cos^2\frac{\pi x}{2a}\sin\frac{\pi y}{b}+E_{13}x\cos^2\frac{\pi x}{2a}\sin\frac{3\pi y}{b}+$$

$$E_{31}x\cos^2\frac{3\pi x}{2a}\sin\frac{\pi y}{b}+E_{33}x\cos^2\frac{3\pi x}{2a}\sin\frac{3\pi y}{b} \tag{2-53}$$

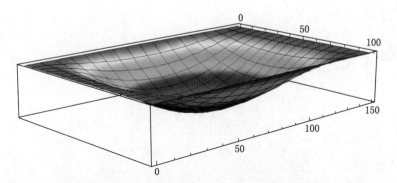

（a）两对边固支两对边简支矩形岩板弯曲挠度三维图

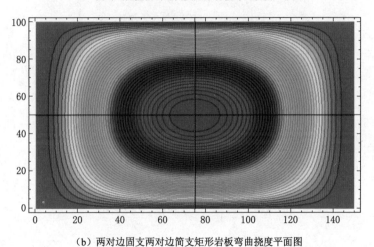

（b）两对边固支两对边简支矩形岩板弯曲挠度平面图

图 2-17 两对边固支两对边简支矩形岩板弯曲挠度图

将式（2-53）代入式（2-22），经积分可得：

$$I = \frac{D\pi^2}{1\ 152ab^3}\big[a^4(85E_{11}^2 + 6\ 882E_{13}^2 + 324E_{31}^2 + 26\ 321E_{33}^2 + 198E_{11}E_{31} +$$

$$16\ 059E_{13}E_{33}) + 6a^2b^2(33E_{11}^2 + 301E_{13}^2 + 349E_{31}^2 + 3\ 141E_{33}^2 + 27E_{11}E_{31} +$$

$$243E_{11}E_{33}) + 3b^4(69E_{11}^2 + 69E_{13}^2 + 3\ 465E_{31}^2 + 3\ 465E_{33}^2 + 135E_{11}E_{31} +$$

$$135E_{13}E_3)\big] - \frac{a^2bq}{54\pi^3}(158E_{11} + 53E_{13} + 254E_{31} + 85E_{33}) \qquad (2\text{-}54)$$

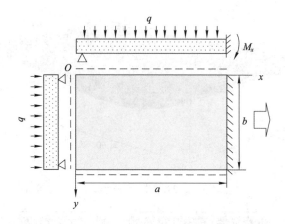

图 2-18 一边固支三边简支矩形岩板力学模型

同样,根据最小势能原理,令 $\partial I/\partial E_{ij} = 0$,可得待定常数 E_{11}、E_{13}、E_{31} 和 E_{33} 表达式,详见附录。将待定常数 E_{ij} 代入式(2-53)便可得到一边固支三边简支矩形岩板挠度表达式。

令 $\dfrac{\partial^2 w(x,y)}{\partial x \partial y} = 0$,可得:

$$\left(\frac{\pi}{b}\cos^2\frac{\pi x}{2a}\cos\frac{\pi y}{b} - \frac{\pi^2 x}{2ab}\sin\frac{\pi x}{a}\cos\frac{\pi y}{b}\right)E_{11} + \left(\frac{3\pi}{b}\cos^2\frac{\pi x}{2a}\cos\frac{3\pi y}{b} - \frac{3\pi^2 x}{2ab}\sin\frac{\pi x}{a}\sin\frac{\pi y}{b}\right)E_{13} +$$

$$\left(\frac{\pi}{b}\cos^2\frac{3\pi x}{2a}\cos\frac{\pi y}{b} - \frac{3\pi^2 x}{2ab}\sin\frac{3\pi x}{a}\sin\frac{\pi y}{b}\right)E_{31} + \left(\frac{\pi}{b}\cos^2\frac{3\pi x}{2a}\cos\frac{\pi y}{b} - \frac{3\pi^2 x}{2ab}\sin\frac{3\pi x}{a}\sin\frac{\pi y}{b}\right)E_{31} = 0$$

(2-55)

经求解可得:

$$x = \frac{13a}{10\pi}, y = \frac{b}{2}$$

由此可见,两对边固支两对边简支矩形岩板在弯曲过程中,其挠度最大点位于矩形岩板的中点,最大点为 $(13a/10\pi, b/2)$,如图 2-19 所示。

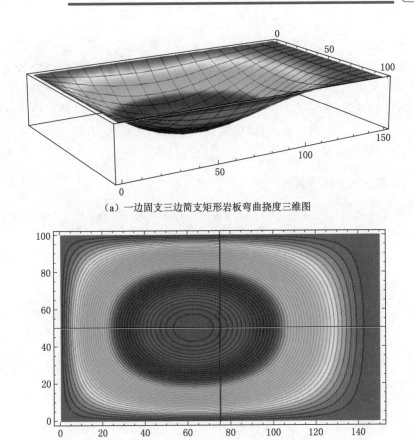

（a）一边固支三边简支矩形岩板弯曲挠度三维图

（b）一边固支三边简支矩形岩板弯曲挠度平面图

图 2-19　一边固支三边简支矩形岩板弯曲挠度图

2.3　硬厚关键层应力分布特征及演化规律

根据岩石的物理力学性质[143]，一般情况下，岩石的抗压强度最大，抗剪强度次之，抗拉强度最小。所以，岩层在自重及上覆载荷作用下主要的破坏形式为拉断破坏。也就是说，随着工作面不断推进，上覆硬厚关键层悬露面积不断增大，岩板内部弯曲内力也随之增大，在这个过程中，硬厚关键层的拉应力首先达到极限强度而产生拉断裂隙，从而致使硬厚关键层发生破断失稳。所以，研究硬厚关键层弯曲过程中拉应力最大值及其位置对揭示硬厚关键层破断过程及计算破断跨度至关重要。

根据硬厚关键层弯曲挠度与应力之间的关系,将求得的不同边界条件的挠度表达式代入式(2-4),便可得到各边界条件下硬厚岩层弯曲正应力表达式。根据矩形岩板弯曲应力分布特征,在岩板固支边上表面($z=-h/2$)以及下表面中部附近($z=h/2$)受到拉应力作用。将硬厚关键层弯曲正应力表达式对 x 方向和 y 方向求导,可以确定拉应力的最大点,代入各表达式的待定常数,便可求得拉应力最大值。

2.3.1 四边固支矩形岩板

将式(2-28)代入式(2-4)可得四边固支硬厚关键层弯曲正应力表达式:

$$\sigma_{x0} = -\frac{Ez}{1-\mu^2}\Bigg[A_{11}\left(\frac{2\pi^2}{a^2}\cos\frac{2\pi x}{a}\sin^2\frac{\pi y}{b}+\frac{2\pi^2\mu}{b^2}\sin^2\frac{\pi x}{a}\cos\frac{2\pi y}{b}\right)+$$

$$A_{12}\left(\frac{2\pi^2}{a^2}\cos\frac{2\pi x}{a}\sin^2\frac{2\pi y}{b}+\frac{8\pi^2\mu}{b^2}\sin^2\frac{\pi x}{a}\cos\frac{4\pi y}{b}\right)+$$

$$A_{21}\left(\frac{8\pi^2}{a^2}\cos\frac{4\pi x}{a}\sin^2\frac{\pi y}{b}+\frac{2\pi^2\mu}{b^2}\sin^2\frac{2\pi x}{a}\cos\frac{2\pi y}{b}\right)+$$

$$A_{22}\left(\frac{8\pi^2}{a^2}\cos\frac{4\pi x}{a}\sin^2\frac{2\pi y}{b}+\frac{8\pi^2\mu}{b^2}\sin^2\frac{2\pi x}{a}\cos\frac{4\pi y}{b}\right)\Bigg] \tag{2-56}$$

$$\sigma_{y0} = -\frac{Ez}{1-\mu^2}\Bigg[A_{11}\left(\frac{2\pi^2}{b^2}\sin^2\frac{\pi x}{a}\cos\frac{2\pi y}{b}+\frac{2\pi^2\mu}{a^2}\cos\frac{2\pi x}{a}\sin^2\frac{\pi y}{b}\right)+$$

$$A_{12}\left(\frac{8\pi^2}{b^2}\sin^2\frac{\pi x}{a}\cos\frac{4\pi y}{b}+\frac{2\pi^2\mu}{a^2}\cos\frac{2\pi x}{a}\sin^2\frac{2\pi y}{b}\right)+$$

$$A_{21}\left(\frac{2\pi^2}{b^2}\sin^2\frac{2\pi x}{a}\cos\frac{2\pi y}{b}+\frac{8\pi^2\mu}{a^2}\cos\frac{4\pi x}{a}\sin^2\frac{\pi y}{b}\right)+$$

$$A_{22}\left(\frac{8\pi^2}{b^2}\sin^2\frac{2\pi x}{a}\cos\frac{4\pi y}{b}+\frac{8\pi^2\mu}{a^2}\cos\frac{4\pi x}{a}\sin^2\frac{2\pi y}{b}\right)\Bigg] \tag{2-57}$$

式中 σ_{x0}——四边固支硬厚关键层 x 方向弯曲正应力,MPa;

σ_{y0}——四边固支硬厚关键层 y 方向弯曲正应力,MPa。

令 $\partial\sigma_{x0}^2/\partial x\partial y=0$,可求得四边固支硬厚关键层在 $(0,0.5b,-0.5h)$、$(a,0.5b,-0.5h)$ 和 $(0.5a,0.5b,0.5h)$ 处拉应力 σ_{x0} 存在极大值,则 σ_{x0} 极大值为:

(1) 当 $x=0$ 或 $a,y=0.5b,z=-0.5h$ 时

$$\sigma_{x0\max} = \frac{Eh\pi^2}{a^2(1-\mu^2)}(A_{11}+4A_{21}) \tag{2-58}$$

(2) 当 $x=0.5a,y=0.5b,z=0.5h$ 时

$$\sigma'_{x0max} = \frac{Eh\pi^2}{1-\mu^2}\left[\left(\frac{1}{a^2}+\frac{\mu}{b^2}\right)A_{11} - \frac{4\mu}{b^2}A_{12} - \frac{4}{a^2}A_{21}\right] \tag{2-59}$$

式中 σ_{x0max}——四边固支硬厚关键层倾向上表面端部最大拉应力,MPa;

σ'_{x0max}——四边固支硬厚关键层倾向下表面中部最大拉应力,MPa。

令 $\partial^2\sigma_{y0}/\partial x\partial y=0$,可求得硬厚关键层在 $(0.5a,0,-0.5h)$、$(0.5a,b,-0.5h)$ 和 $(0.5a,0.5b,0.5h)$ 处拉应力 σ_{y0} 最大,则 σ_{y0} 最大值为:

(1) 当 $x=0.5a,y=0$ 或 $b,z=-0.5h$ 时

$$\sigma_{y0max} = \frac{Eh\pi^2}{b^2(1-\mu^2)}(A_{11}+4A_{12}) \tag{2-60}$$

(2) 当 $x=0.5a,y=0.5b,z=0.5h$ 时

$$\sigma'_{y0max} = \frac{Eh\pi^2}{1-\mu^2}\left[\left(\frac{1}{b^2}+\frac{\mu}{a^2}\right)A_{11} - \frac{4}{b^2}A_{12} - \frac{4\mu}{b^2}A_{21}\right] \tag{2-61}$$

式中 σ_{y0max}——四边固支硬厚关键层倾向上表面端部最大拉应力,MPa;

σ'_{y0max}——四边固支硬厚关键层倾向下表面中部最大拉应力,MPa。

2.3.2 三边固支一边简支矩形岩板

将式(2-38)代入式(2-4)可得三边固支一边简支硬厚关键层弯曲正应力表达式 σ_{x1} 和 σ_{y1},为了简化结构,此处及后面几种边界情况不再详列应力表达式。

令 $\partial^2\sigma_{x1}/\partial x\partial y=0$,可求得三边固支一边简支硬厚关键层在 $(0,0.42b,-0.5h)$、$(a,0.42b,-0.5h)$ 和 $(0.5a,0.42b,0.5h)$ 三点取得极大值,则三边固支一边简支硬厚岩层 σ_{x1} 的极大值为:

(1) 当 $x=0$ 或 $a,y=0.42b,z=-0.5h$ 时

$$\sigma_{x1max} = \frac{Ehb}{2a^2(1-\mu^2)}(5.17B_{11}+1.3B_{13}+20.7B_{21}+5.23B_{23}) \tag{2-62}$$

(2) 当 $x=0.5a,y=0.42b,z=0.5h$ 时

$$\sigma'_{x1max} = \frac{Eh}{2(1-\mu^2)}\left[\frac{b}{a^2}(5.17B_{11}+1.3B_{13}-20.7B_{21}-5.23B_{23})+\right.$$

$$\left.\frac{\mu}{b}(3.56B_{11}-19.64B_{13})\right] \tag{2-63}$$

式中 σ_{x1max}——三边固支一边简支硬厚关键层倾向上表面端部最大拉应力,MPa;

σ'_{x1max}——三边固支一边简支硬厚关键层倾向下表面中部最大拉应力,MPa。

令$\partial^2\sigma_{y1}/\partial x\partial y=0$,可求得三边固支一边简支硬厚关键层在$(0.5a,b,-0.5h)$、$(0.5a,0,-0.5h)$和$(0.5a,0.42b,0.5h)$三点取得极大值,则三边固支一边简支 σ_{yx1} 的极大值为:

(1) 当 $x=0.5a,y=0$ 或 $b,z=-0.5h$ 时

$$\sigma_{y1\max}=\frac{Eh}{2b(1-\mu^2)}(4.9B_{11}+44.4B_{13}) \tag{2-64}$$

(2) 当 $x=0.5a,y=0.42b,z=0.5h$ 时

$$\sigma'_{y1\max}=\frac{Eh}{2(1-\mu^2)}\left[\frac{1}{b}(3.56B_{11}-19.64B_{13})+\frac{b\mu}{a^2}(5.17B_{11}+1.3B_{13}-\right.$$
$$\left.20.7B_{21}-5.23B_{23})\right] \tag{2-65}$$

式中 $\sigma_{y1\max}$——三边固支一边简支硬厚关键层倾向上表面端部最大拉应力,MPa;

$\sigma'_{y1\max}$——三边固支一边简支硬厚关键层倾向下表面中部最大拉应力,MPa。

2.3.3　两邻边固支两邻边简支矩形岩板

将式(2-43)代入式(2-4)可得两邻边固支两邻边简支硬厚关键层弯曲正应力表达式 σ_{x2} 和 σ_{y2}。

令$\partial^2\sigma_{x2}/\partial x\partial y=0$,可求得两邻边固支两邻边简支硬厚关键层在$(a,0.42b,-0.5h)$和$(0.42a,0.42b,0.5h)$两点取得极大值,则两邻边固支两邻边简支硬厚岩层 σ_{x2} 的极大值为:

(1) 当 $x=a,y=0.42b,z=-0.5h$ 时

$$\sigma_{x2\max}=\frac{Ehb}{2a(1-\mu^2)}(1.29C_{11}+0.33C_{13}+11.65C_{31}+2.94C_{33}) \tag{2-66}$$

(2) 当 $x=0.42a,y=0.42b,z=0.5h$ 时

$$\sigma'_{x2\max}=\frac{Eh}{2(1-\mu^2)}\left[\frac{b}{a}(0.93C_{11}+0.24C_{13}-5.15C_{31}-1.3B_{33})+\right.$$
$$\left.\frac{a\mu}{b}(0.93C_{11}-5.15C_{13}+0.24C_{21}-1.3C_{23})\right] \tag{2-67}$$

式中 $\sigma_{x2\max}$——两邻边固支两邻边简支硬厚关键层倾向上表面端部最大拉应力,MPa;

$\sigma'_{x2\max}$——两邻边固支两邻边简支硬厚关键层倾向下表面中部最大拉应力,MPa。

令 $\partial^2\sigma_{y2}/\partial x\partial y=0$，可求得两邻边固支两邻边简支硬厚关键层在 $(0.42a,$ $b,-0.5h)$ 和 $(0.42a,0.42b,0.5h)$ 两点取得极大值，则两邻边固支两邻边简支硬厚岩层 σ_{y2} 的极大值为：

（1）当 $x=0.42a,y=b,z=-0.5h$ 时

$$\sigma_{y2max}=\frac{Eha}{2b(1-\mu^2)}(1.29C_{11}+11.65C_{13}+0.33C_{31}+2.94C_{33}) \quad (2\text{-}68)$$

（2）当 $x=0.42a,y=0.42b,z=0.5h$ 时

$$\sigma'_{y2max}=\frac{Eh}{2(1-\mu^2)}\left[\frac{a}{b}(0.93C_{11}-5.15C_{13}+0.24C_{31}-1.3C_{33})+\right.$$

$$\left.\frac{b\mu}{a}(0.93C_{11}+0.24C_{13}-5.15C_{21}-1.3C_{23})\right] \quad (2\text{-}69)$$

式中　σ_{y2max}——两邻边固支两邻边简支硬厚关键层倾向上表面端部最大拉
　　　　　　　应力，MPa；

　　　　σ'_{y2max}——两邻边固支两邻边简支硬厚关键层倾向下表面中部最大拉
　　　　　　　应力，MPa。

2.3.4　两对边固支两对边简支矩形岩板

将式(2-48)代入式(2-4)可得两对边固支两对边简支硬厚关键层弯曲正应力表达式 σ_{x3} 和 σ_{y3}。

同样，令 $\partial^2\sigma_{x3}/\partial x\partial y=0$，可求得两对边固支两邻边简支硬厚关键层在 $(0,$ $0.5b,-0.5h)$、$(a,0.5b,-0.5h)$ 和 $(0.5a,0.5b,0.5h)$ 三点取得极大值，则两对边固支两对边简支硬厚岩层 σ_{x3} 的极大值为：

（1）当 $x=0$ 或 $a,y=0.5b,z=-0.5h$ 时

$$\sigma_{x3max}=\frac{Eh\pi^2}{a^2(1-\mu^2)}(D_{11}-D_{13}+4D_{21}-4D_{23}) \quad (2\text{-}70)$$

（2）当 $x=0.5a,y=0.5b,z=0.5h$ 时

$$\sigma'_{x3max}=\frac{Eh}{2(1-\mu^2)}\left[\frac{2\pi^2}{a^2}(D_{11}-D_{13}-4D_{31}+4D_{33})+\frac{\mu\pi^2}{b^2}(D_{11}-9D_{13})\right]$$

$$(2\text{-}71)$$

式中　σ_{x3max}——两对边固支两对边简支硬厚关键层倾向上表面端部最大拉
　　　　　　　应力，MPa；

　　　　σ'_{x3max}——两对边固支两对边简支硬厚关键层倾向下表面中部最大拉
　　　　　　　应力，MPa。

令 $\partial^2\sigma_{y3}/\partial x\partial y=0$，可求得两对边固支两对边简支硬厚关键层仅在 $(0.5a,0.5b,$

$0.5h$)一点取得极大值,则两对边固支两对边简支硬厚岩层 σ_{y3} 的极大值为:

$$\sigma'_{y3max} = \frac{Eh}{2(1-\mu^2)}\left[\frac{\pi^2}{b^2}(D_{11}-9D_{13}) + \mu\frac{2\pi^2}{a^2}(D_{11}-D_{13}-4D_{21}+4D_{23})\right]$$

(2-72)

式中 σ'_{y3max}——两对边固支两对边简支硬厚关键层倾向下表面中部最大拉应力,MPa。

2.3.5　一边固支三边简支矩形岩板

将式(2-53)代入式(2-4)可得一边固支三边简支硬厚关键层弯曲正应力表达式 σ_{x4} 和 σ_{y4}。

同样,令 $\partial^2\sigma_{x4}/\partial x\partial y = 0$,可求得一边固支三边简支硬厚关键层在($a$,$0.5b$,$-0.5h$)和($0.42a$,$0.5b$,$0.5h$)两点取得极大值,则两对边固支两对边简支硬厚岩层 σ_{x4} 的极大值为:

(1) 当 $x=a$,$y=0.5b$,$z=-0.5h$ 时

$$\sigma_{x4max} = \frac{Eh\pi^2}{4a(1-\mu^2)}(E_{11}-E_{13}+9E_{31}-9E_{33})$$

(2-73)

(2) 当 $x=0.42a$,$y=0.5b$,$z=0.5h$ 时

$$\sigma'_{x4max} = \frac{Eh}{2(1-\mu^2)}\left[\frac{1}{a}(3.56E_{11}-3.56E_{13}-19.64E_{31}+19.64E_{33}) +\right.$$
$$\left.\frac{\mu a}{b^2}(2.59E_{11}-23.29E_{13}+0.65E_{31}-5.88E_{33})\right]$$

(2-74)

式中 σ_{x4max}——一边固支三边简支硬厚关键层倾向上表面端部最大拉应力,MPa;

σ'_{x4max}——一边固支三边简支硬厚关键层倾向下表面中部最大拉应力,MPa。

令 $\partial^2\sigma_{y4}/\partial x\partial y = 0$,可求得两对边固支两对边简支硬厚关键层仅在($0.5a$,$0.5b$,$0.5h$)一点取得极大值,则两对边固支两对边简支硬厚岩层 σ_{y4} 的极大值为:

$$\sigma'_{y4max} = \frac{Eh}{2(1-\mu^2)}\left[\frac{a}{b^2}(2.59E_{11}-23.29E_{13}+0.65E_{31}-5.88E_{33}) +\right.$$
$$\left.\frac{\mu}{a}(3.56E_{11}-3.56E_{13}-19.64E_{31}+19.64E_{33})\right]$$

(2-75)

式中 σ'_{y4max}——一边固支三边简支硬厚关键层倾向下表面中部最大拉应力,MPa。

根据不同边界条件硬厚关键层最大拉应力分析结果可知,对于走向和倾向两个方向均有固支边的硬厚关键层(下文简称为双向固支硬厚岩层),如四边固支、三边固支一边简支和两邻边固支两邻边简支边界状态岩板,其悬露弯曲过程中,同一方向上固支边界最大拉应力始终大于下表面中部最大拉应力。所以,随着工作面不断开采,硬厚关键层走向悬露尺寸不断增大,始终固支边界拉应力先达到抗拉强度而发生断裂。但在不同开采阶段,不同方向固支边界上的最大拉应力大小不同。根据不同边界条件固支边界拉应力最大值表达式,令 $\sigma_{x\max}=\sigma_{y\max}$,可求得走向固支边拉应力最大值和倾向固支边拉应力最大值相等时走向悬露长度 a 与倾向跨度 b 之间的关系,从而可判断出不同开采阶段,哪一侧固支边首先达到强度极限而发生破断。

以四边固支条件硬厚岩层为例,令 $\sigma_{x0\max}=\sigma_{y0\max}$,由式(2-58)和式(2-60)可得:

$$\frac{1}{a^2}(A_{11}+4A_{21})=\frac{1}{b^2}(A_{11}+4A_{12}) \tag{2-76}$$

将常数项 A_{11}、A_{12} 和 A_{21} 代入式(2-76),经计算得:

$$a=b$$

令 $\lambda=a/b$,这里 λ 为双向固支硬厚岩层初次破断时的悬跨系数,简称为双悬跨系数。由上式计算结果可知,四边固支硬厚岩层初次破断时两方向固支边拉应力相等的双悬跨系数 $\lambda_0=1$。所以说,当 $\lambda<\lambda_0$ 时,倾向固支边最大拉应力大于走向固支边最大拉应力,即:$\sigma_{x0\max}>\sigma_{y0\max}$;当 $\lambda>\lambda_0$ 时,倾向固支边最大拉应力小于走向固支边最大拉应力,即:$\sigma_{x0\max}<\sigma_{y0\max}$。

同理,可以求得三边固支一边简支和两邻边固支两邻边简支硬厚岩层初次破断时两方向固支边拉应力相等的双悬跨系数 λ_1 和 λ_2 分别为 1.022 和 1。由此可见,双悬跨系数仅与边界支承状态有关,而与岩板的物理力学性质无关。

对于仅在走向或倾向一个方向有固支边的硬厚岩层(下文简称为单向固支硬厚岩层),如两对边固支两对边简支和一边固支三边简支边界状态岩板,在具有固支边的方向上,由式(2-70)和式(2-71)、式(2-73)和式(2-74)计算可知,固支边界最大拉应力始终大于下表面中部最大拉应力;在两对边均为简支方向上,简支边无拉应力存在,仅岩板下表面中部有拉应力。在倾向和走向两方向上,由式(2-70)和式(2-72)、式(2-73)和式(2-75)计算可知,不同的开采阶段,固支边界最大拉应力与异向下表面中部最大拉应力具有不同的大小关系,且该大小关系与岩板的泊松比有关。

以两对边固支两对边简支为例,令 $\sigma_{x3\max}=\sigma'_{y3\max}$,由式(2-70)和式(2-72)

可得：

$$\frac{1}{a^2}(D_{11}-D_{13}+4D_{21}-4D_{23})=\frac{1}{2b^2}(D_{11}-9D_{13})+\frac{\mu}{a^2}(D_{11}-D_{13}-4D_{21}+4D_{23})$$

$$(2\text{-}77)$$

将常数项 D_{11}、D_{13}、D_{21} 和 D_{23} 代入式(2-77)，并取泊松比 μ 为 0.2，经计算可得：

$$a=1.75b$$

同样，令 $\eta=a/b$，这里 η 为单向固支硬厚岩层初次破断时的悬跨系数，简称为单悬跨系数。由上述计算结果可知，单向固支硬厚岩层初次破断时固支边最大拉应力与异向下表面中部最大拉应力相等的单悬跨系数 $\eta_0=1.75$。所以，当 $\eta<1.75$ 时，固支边最大拉应力大于岩板异向下表面中部最大拉应力，即对简边的长度与固支边长度之比小于 1.75 时，$\sigma_{x3max}>\sigma'_{y3max}$；当 $\eta>1.75$ 时，固支边最大拉应力小于岩板异向下表面中部最大拉应力，即对简边的长度与固支边长度之比大于 1.75 时，$\sigma_{x3max}<\sigma'_{y3max}$。由于单悬跨系数与泊松比有关，则岩板取不同的泊松比，单悬跨系数 η_0 也不同，见表 2-1。

表 2-1 两对边固支两对边简支单悬跨系数 η_0

泊松比 μ	0.1	0.2	0.3	0.4	0.5
单悬跨系数 η_0	1.79	1.75	1.72	1.68	1.63

同上，可求得不同泊松比时，一边固支三边简支单悬跨系数 η_1，见表 2-2。

表 2-2 一边固支三边简支单悬跨系数 η_1

泊松比 μ	0.1	0.2	0.3	0.4	0.5
单悬跨系数 η_1	1.77	1.74	1.7	1.66	1.62

2.4 硬厚关键层弯曲破断过程

2.4.1 硬厚岩层初次破断形式

相关研究表明[13,144]，硬厚关键层初次破断时呈"O-X"形，即矩形岩板的外圈屈服线破坏形态为类"O"形破坏圈，岩板内部屈服线呈"X"形。工作面开采过程中,由于硬厚岩板的抗拉强度不同,边界支承条件也不同,不同的开采阶段,硬厚岩层破断呈现不同的破断形式。一般情况下,对于初次破断前具有对称边界状态的硬厚岩层,其破断后呈现对称的竖向"O-X"形、正"O-X"形和横向"O-X"形,如图 2-20 所示;初次破断前为非对称边界状态的硬厚岩层,其破断后呈现非对称的竖向偏"O-X"形、偏"O-X"形和横向偏"O-X"形,如图 2-21 所示。

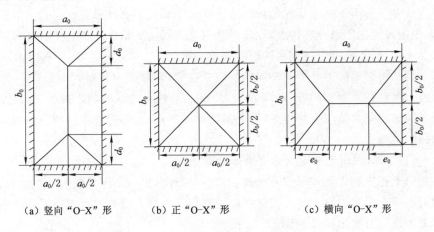

(a) 竖向 "O-X" 形   (b) 正 "O-X" 形   (c) 横向 "O-X" 形

图 2-20 对称性硬厚关键层初次破断形式[13]

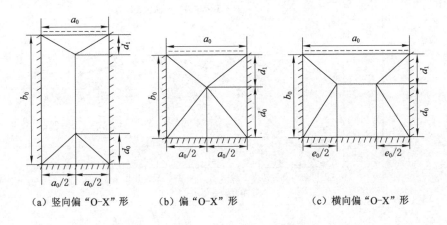

(a) 竖向偏 "O-X" 形   (b) 偏 "O-X" 形   (c) 横向偏 "O-X" 形

图 2-21 非对称性硬厚关键层初次破断形式[13]

2.4.2　不同边界条件硬厚关键层破断过程

由硬厚关键层的空间结构特点可知,随着岩层悬露面积的不断增大,矩形岩板弯曲正应力逐渐增大并达到抗拉强度,致使岩板发生断裂破坏。一般情况下,双向固支的四边固支、三边固支一边简支和两邻边固支两邻边简支硬厚关键层首先在端部产生断裂裂隙,进而转化为单向固支的两对边固支两对边简支或者一边固支三边简支结构状态。而对于单向固支硬厚关键层初次破断前,根据最大拉应力分布特点,在不同的开采阶段,岩板首先产生拉断破坏的位置不同,导致其破断过程和破断形式也就不同。

为了清楚地揭示硬厚关键层初次破断过程,任取倾向长度 b 为 100 m、自重及上覆载荷 q 为 4 MPa,厚度 h 为 40 m 和泊松比为 0.2 的岩板为例,绘制硬厚关键层最大拉应力变化图,研究不同开采阶段,不同边界条件硬厚关键层的破断过程。

（1）两对边固支两对边简支矩形岩板

将上述参数代入式（2-70）和式（2-72）,经计算可得不同单悬跨系数 η 时,两对边固支两对边简支硬厚关键层固支边拉应力最大值和对简方向下表面中部最大拉应力变化曲线,如图 2-22 所示。

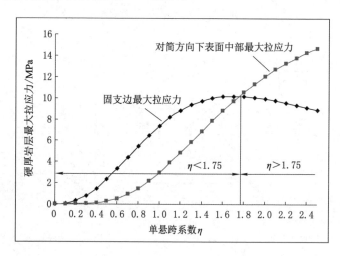

图 2-22　两对边固支两对边简支岩板不同单悬跨系数最大拉应力变化曲线

由图 2-22 可以看出,当两对边固支两对边简支硬厚关键层初次破断时单悬跨系数 $\eta<1.75$,即简支边长度与固支边长度之比小于 1.75,矩形岩板固支

边最大拉应力 $\sigma_{x3\max}$ 大于对简方向下表面中部最大拉应力 $\sigma'_{y3\max}$，此时固支边首先达到抗拉强度而发生断裂，硬厚关键层由两对边固支两对边简支状态转化为四边简支状态，进而四边简支岩板下表面中部拉应力迅速增大并发生断裂，形成侧向跨度相等的对称性"O-X"形破断。若 $0<\eta<1$，为竖向"O-X"形破断；若 $\eta=1$，为正"O-X"形破断；若 $1<\eta<1.75$，为横向"O-X"形破断，破断形式如图 2-20 所示。

当两对边固支两对边简支硬厚关键层初次破断时单悬跨系数 $\eta=1.75$，即简支边长度与固支边长度之比等于 1.75，矩形岩板固支边最大拉应力 $\sigma_{x3\max}$ 等于对简方向下表面中部最大拉应力 $\sigma'_{y3\max}$，此时岩板固支边与下表面中部同时达到抗拉强度而发生断裂，形成横向"O-X"形破断，如图 2-20(c) 所示。

当两对边固支两对边简支硬厚关键层初次破断时单悬跨系数 $\eta>1.75$，即简支边长度与固支边长度之比大于 1.75，矩形岩板固支边最大拉应力 $\sigma_{x3\max}$ 小于对简方向下表面中部最大拉应力 $\sigma'_{y3\max}$。因此，硬厚岩板下表面中部首先达到抗拉强度而发生破断，断裂线与对简边平行，然后固支边再断裂，形成横向"O-X"形破断，如图 2-20(c) 所示。

综合上述分析可得，两对边固支两对边简支硬厚关键层初次破断过程为：

厚岩层初次破断时，如果 $\eta<\eta_0$，倾向固支边首先破断，岩板转化为四边简支状态，最后形成对称性的"O-X"形破断。此时，若 $0<\eta<1$，为竖向"O-X"形破断；若 $\eta=1$，为正"O-X"形破断；若 $1<\eta<\eta_0$，为横向"O-X"形破断。

如果 $\eta=\eta_0$，岩板固支边和下表面中部同时破断，形成横向"O-X"形破断。

如果 $\eta>\eta_0$，岩板下表面中部首先破断，形成横向"O-X"形破断。

(2) 一边固支三边简支矩形岩板

将上述参数代入式(2-73)和式(2-75)，经计算可得不同单悬跨系数 η 时，一边固支三边简支硬厚关键层固支边最大值和对简方向下表面最大拉应力变化曲线如图 2-23 所示。

由图 2-23 可以看出，当一边固支三边简支硬厚岩层初次破断时单悬跨系数 $\eta<1.74$，即对简长度与固支边长度之比小于 1.74，矩形岩板固支边最大拉应力 $\sigma_{x4\max}$ 大于对简方向下表面最大拉应力 $\sigma'_{y4\max}$。此阶段，随着工作面不断推进，硬厚岩层固支边首先达到抗拉强度并发生破断，硬厚关键层由一边固支三边简支边界状态转化为四边简支状态，此时硬厚岩层下表面中部拉应力迅速增大而断裂，形成侧向跨度相等的对称"O-X"形破断。若 $0<\eta<1$，为竖向"O-X"形破断；若 $\eta=1$，为正"O-X"形破断；若 $1<\eta<1.74$，为横向"O-X"形破断，破断形式如图 2-20 所示。

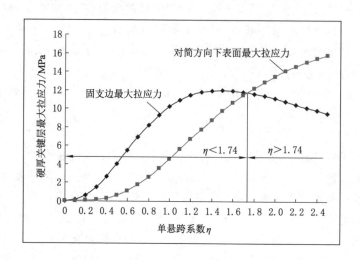

图 2-23　一边固支三边简支岩板不同单悬跨系数最大拉应力变化曲线

当一边固支三边简支硬厚岩层初次破断时单悬跨系数 $\eta = 1.74$，即对简边长度与固支边长度之比等于 1.74，矩形岩板固支边最大拉应力 $\sigma_{x4\max}$ 等于对简方向下表面最大拉应力 $\sigma'_{y4\max}$。若硬厚岩板最大拉应力此时达到抗拉强度，硬厚岩板固支边和下表面最大拉应力点处将会同时破断，形成横向偏"O-X"形破断，如图 2-21(c)所示。

当一边固支三边简支硬厚岩层初次破断时单悬跨系数 $\eta > 1.74$，即对简边长度与固支边长度之比大于 1.74，矩形岩板固支边最大拉应力 $\sigma_{x4\max}$ 小于对简边方向下表面最大拉应力 $\sigma'_{y4\max}$。此时，硬厚岩层下表面首先达到抗拉强度并发生破断，随后固支边破断，形成横向偏"O-X"形破断，如图 2-21(c)所示。

综合上述分析可得，一边固支三边简支硬厚关键层初次破断过程为：

硬厚岩层初次破断时，如果 $\eta < \eta_1$，倾向固支边首先破断，岩板转化为四边简支状态。此时，若 $0 < \eta < 1$，为竖向"O-X"形破断；若 $\eta = 1$，为正"O-X"形破断；若 $1 < \eta < \eta_1$，为横向"O-X"形破断。

如果 $\eta = \eta_0$，岩板固支边和下表面同时破断，形成横向偏"O-X"形破断。

如果 $\eta > \eta_1$，岩板下表面首先破断，形成横向偏"O-X"形破断。

（3）四边固支矩形岩板

将上述参数代入式(2-58)和式(2-60)，经计算可得不同双悬跨系数条件下，四边固支硬厚关键层固支边最大拉应力变化曲线，如图 2-24 所示。

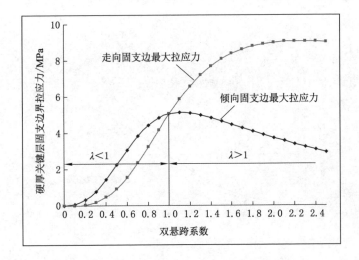

图 2-24 四边固支岩板不同双悬跨系数最大拉应力变化曲线

由图 2-24 可以看出,随着工作面开采范围不断扩大,上覆硬厚关键层悬露尺寸逐渐增大,固支边拉应力逐渐增大。当四边固支岩板初次破断时双悬跨系数 $\lambda < 1$,即走向固支边长度与倾向固支边长度之比小于 1,倾向固支边最大拉应力 σ_{x0max} 大于走向固支边最大拉应力 σ_{y0max}。此阶段,硬厚岩层倾向固支边首先达到抗拉强度并发生断裂,形成简支边,岩板由四边固支转化为两对边固支两对边简支。硬厚岩层倾向边断裂后,走向固支边最大拉应力 σ_{y0max} 和下表面中部倾向最大拉应力 σ'_{x0max} 迅速增大,如图 2-25 所示。若倾向简支边与走向固支边长度之比大于 1.75,即单悬跨系数 $\eta < 1/1.75$,$\sigma'_{x0max} > \sigma_{y0max}$,岩板下表面中部首先发生断裂,随后走向固支边拉应力增大并发生破断,形成对称的竖向"O-X"形破断;若倾向简支边与走向固支边长度之比等于 1.75,即单悬跨系数 $\eta = 1/1.75$,$\sigma'_{x0max} = \sigma_{y0max}$,此时硬厚岩板走向固支边与下表面中部同时发生破断,形成竖向"O-X"形破断;若倾向简支边与走向固支边长度之比小于 1.75,即单悬跨系数 $\eta > 1/1.75$,$\sigma'_{x0max} < \sigma_{y0max}$,走向固支边首先达到抗拉强度并发生断裂,边界条件又转化为四边简支状态,岩板下表面中部拉应力再次迅速增大并发生断裂,形成竖向"O-X"形破断,如图 2-20(a)所示。

当四边固支硬厚关键层初次破断时双悬跨系数 $\lambda = 1$,即走向固支边长度等于倾向固支边长度,此时两方向固支边最大拉应力相等,同时达到抗拉强度并发生破断,形成四边简支状态,然后矩形岩板下表面中部拉应力迅速增大而发生断裂,最终形成正"O-X"形破断,如图 2-20(b)所示。

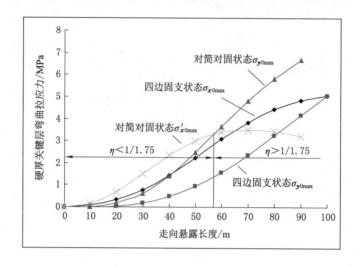

图 2-25 倾向边断裂后岩板最大拉应力变化曲线

当四边固支硬厚关键层抗拉强度比较大,初次破断时双悬跨系数 $\lambda>1$,即走向固支边长度大于倾向固支边,走向固支边最大拉应力大于倾向固支边,如图 2-24 所示。此时,走向固支边首先达到抗拉强度并发生断裂,硬厚岩层边界条件由四边固支转化为两对边简支两对边固支状态。同样,走向固支边断裂成简支状态后,倾向固支边最大拉应力 σ_{x0max} 与下表面中部走向最大拉应力 σ'_{y0max} 迅速增大,如图 2-26 所示。若走向简支边与倾向固支边长度之比小于 1.75,即单悬跨系数 $\eta<1.75$,$\sigma'_{y0max}<\sigma_{x0max}$,倾向固支首先达到抗拉强度并破断,硬厚岩板边界支承又转化为四边简支状态,此时岩板下表面中部拉应力迅速增大并发生破断,形成横向"O-X"形破断;若走向简支边与倾向固支边长度之比等于 1.75,即单悬跨系数 $\eta=1.75$,$\sigma'_{y0max}=\sigma_{x0max}$,倾向固支边与下表面中部同时发生破断,形成横向"O-X"形破断;若走向简支边与倾向固支边长度之比大于 1.75,即单悬跨系数 $\eta>1.75$,$\sigma'_{y0max}>\sigma_{x0max}$,硬厚岩板下表面中部首先破断,随后走向固支边最大拉应力增大并发生断裂,形成横向"O-X"形破断,如图 2-20(c)所示。

综合上述分析可得,四边固支硬厚关键层初次破断过程为:

硬厚岩层初次破断时,如果 $\lambda<\lambda_0$,倾向固支边首先破断,岩板转化为两对边固支两对边简支。此时,若 $\eta<1/\eta_0$,岩板下表面中部首先破断,形成对称的竖向"O-X"形破断;若 $\eta=1/\eta_0$,岩板走向固支边和下表面中部同时破断,形成竖向"O-X"形破断;若 $\eta>1/\eta_0$,走向固支边首先破断,岩层又转化为四边简

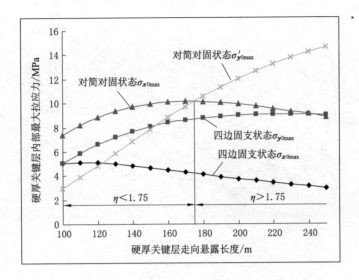

图 2-26　走向边断裂后岩板最大拉应力变化曲线

支,形成竖向"O-X"形破断。

如果 $\lambda=\lambda_0$,走向固支边和倾向固支边同时破断,形成正"O-X"形破断。

如果 $\lambda>\lambda_0$,走向固支边首先破断,岩板转化为两对边固支两对边简支。此时,若 $\eta<\eta_0$,岩板倾向固支边首先破断,岩层又转化为四边简支,形成对称的横向"O-X"形破断;若 $\eta=\eta_0$,岩板走向固支边和下表面中部同时破断,形成横向"O-X"形破断;若 $\eta>\eta_0$,岩板下表面中部首先破断,形成横向"O-X"形破断。

(4) 三边固支一边简支矩形岩板

根据三边固支一边简支边界条件硬厚岩层应力分布特点,将上述参数代入式(2-62)和式(2-64),经计算可得不同双悬跨系数条件下,该边界条件硬厚岩层固支边最大拉应力分布曲线,如图 2-27 所示。

由图 2-27 可以看出,当三边固支一边简支硬厚关键层初次破断时双悬跨系数 $\lambda<1.022$,即走向固支边与倾向固支边长度之比小于 1.022,硬厚岩层倾向固支边最大拉应力 σ_{y1max} 大于倾向固支边最大拉应力 σ_{x1max}。此时,岩板倾向固支边首先达到抗拉强度并发生破断,形成简支边,硬厚岩层由三边固支一边简支转化为一边固支三边简支,岩板走向固支边最大拉应力 σ_{y1max} 和下表面倾向最大拉应力 σ'_{x1max} 迅速增大,如图 2-28 所示。若倾向简支边与走向固支边长度之比大于 1.74,即单悬跨系数 $\eta<1/1.74$,$\sigma'_{x1max}>\sigma_{y1max}$,此时,硬厚岩层下表面首先发生断裂,随后走向固支边最大拉应力会迅速增大并断裂,形成

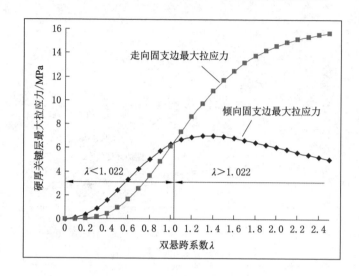

图 2-27 三边固支一边简支岩板不同双悬跨系数最大拉应力变化曲线

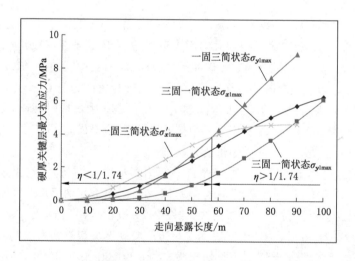

图 2-28 倾向边断裂后岩板最大拉应力变化曲线

竖向偏"O-X"形破断,如图 2-21(a)所示;若倾向简支边与走向固支边长度之比等于 1.74,即单悬跨系数 $\eta=1/1.74$,$\sigma'_{x1max}=\sigma_{y1max}$,此时,硬厚岩层下表面与走向固支边同时发生断裂,形成竖向偏"O-X"形破断,如图 2-21(a)所示;若倾向简支边长度与走向固支边长度之比小于 1.74,即 $\eta>1/1.74$,$\sigma'_{x1max}<\sigma_{y1max}$,此时,走向固支边首先达到抗拉强度并发生断裂,形成简支边,硬厚岩

层由一边固支三边简支转化为四边简支,此时硬厚岩层下表面中部拉应力迅速增大并发生断裂。若双悬跨系数 $\lambda<1$,形成竖向"O-X"形破断;若 $\lambda=1$,形成正"O-X"形破断;若 $1<\lambda<1.022$,形成横向"O-X"形破断,如图 2-20 所示。

当三边固支一边简支硬厚关键层初次破断时双悬跨系数 $\lambda=1.022$,即走向固支边与倾向固支边长度之比等于 1.22,如图 2-27 所示。硬厚岩层走向固支边最大拉应力 σ_{y1max} 等于倾向固支边最大拉应力 σ_{x1max},矩形岩板三条固支边同时达到抗拉强度并发生断裂,形成横向"O-X"形破断,如图 2-20(c)所示。

当三边固支一边简支硬厚关键层初次破断时双悬跨系数 $\lambda>1.022$,即走向固支边与倾向固支边长度之比大于 1.022,如图 2-27 所示。硬厚岩层走向固支边最大拉应力 σ_{y1max} 大于倾向固支边最大拉应力 σ_{x1max},走向固支边首先达到抗拉强度并发生断裂。硬厚岩层由三边固支一边简支转化为两对边固支两对边简支,其倾向固支边最大拉应力 σ_{x1max} 与下表面走向最大拉应力 σ'_{y1max} 迅速增大,如图 2-29 所示。若走向简支边与倾向固支边长度之比小于 1.75,即单悬跨系数 $\eta<1.74$,$\sigma_{x1max}>\sigma'_{y1max}$,倾向固支边首先达到抗拉强度并发生断裂,硬厚岩层由两对边固支两对边简支转化为四边简支,此时岩板下表面中部最大拉应力迅速增大而发生断裂,形成横向"O-X"形破断,如图 2-20(c)所示;若走向简支边与倾向固支边长度之比等于 1.75,即单悬跨系数 $\eta=1.74$,$\sigma_{x1max}=\sigma'_{y1max}$,倾向固支边与下表面中部同时发生断裂,形成横向"O-X"形破断;若走向简支

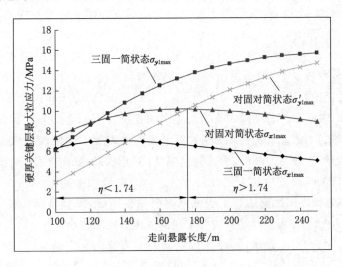

图 2-29　走向边断裂后岩板最大拉应力变化曲线

边与倾向固支边长度之比大于 1.75,即单悬跨系数 $\eta>1.74$,$\sigma_{x1max}<\sigma'_{y1max}$,硬厚岩层下表面中部首先达到抗拉强度并发生断裂,随后倾向固支边最大拉应力迅速增大而发生破断,形成横向"O-X"形破断,如图 2-20(c)所示。

综合上述分析可得,三边固支一边简支硬厚关键层初次破断过程为:

硬厚岩层初次破断时,如果 $\lambda<\lambda_1$,倾向固支边首先破断,岩板转化为一边固支三边简支。此时,若 $\eta<1/\eta_1$,岩板下表面首先破断,形成竖向偏"O-X"形破断;若 $\eta=1/\eta_1$,岩板走向固支和下表面同时破断,形成竖向偏"O-X"形破断;若 $\eta>1/\eta_1$,走向固支边首先破断,岩层又转化为四边简支。若 $\lambda<1$,形成竖向"O-X"形破断;若 $\lambda=1$,形成正"O-X"形破断;若 $1<\lambda<\lambda_1$,形成横向"O-X"形破断。

如果 $\lambda=\lambda_1$,矩形岩板三条固支边同时发生断裂,形成横向"O-X"形破断。

如果 $\lambda>\lambda_1$,走向固支边首先破断,岩板转化为两对边固支两对边简支。此时,若 $\eta<\eta_0$,倾向固支边首先破断,岩板转化为四边简支,形成横向"O-X"形破断;若 $\eta=\eta_0$,岩板倾向固支边和下表面中部同时破断,形成横向"O-X"形破断;若 $\eta>\eta_0$,岩板下表面中部首先破断,形成横向"O-X"形破断。

(5)两邻边固支两邻边简支矩形岩板

根据两邻边固支两邻边简支边界条件硬厚岩层应力分布特点,将上述参数代入式(2-66)和式(2-68),经计算可得不同双悬跨系数条件下,该边界条件硬厚关键层两相邻固支边最大拉应力变化曲线,如图 2-30 所示。

由图 2-30 可以看出,两邻边固支两邻边简支硬厚关键层初次破断时双悬跨系数 $\lambda<1$,即走向边与倾向边长度之比小于 1.022,硬厚岩层倾向固支边最大拉应力 σ_{x2max} 大于走向固支边最大拉应力 σ_{y2max}。此时,倾向固支边首先发生断裂形成简支边,硬厚岩层由两邻边固支两邻边简支转化为一边固支三边简支,此时岩板走向固支边最大拉应力 σ_{y2max} 与下表面倾向最大拉应力 σ'_{x2max} 迅速增大,如图 2-31 所示。若倾向简支边与走向固支边长度之比大于 1.74,即单悬跨系数 $\eta<1/1.74$,$\sigma'_{x2max}>\sigma_{y2max}$,硬厚岩板下表面首先发生破断,然后走向固支边最大拉应力迅速增大并断裂,形成竖向偏"O-X"形破断,如图 2-21(a)所示;若倾向简支边与走向固支边长度之比等于 1.74,即单悬跨系数 $\eta=1/1.74$,$\sigma'_{x2max}=\sigma_{y2max}$,硬厚岩板走向固支边和下表面同时发生破断,形成竖向偏"O-X"形破断,如图 2-21(a)所示;若倾向简支边与走向固支边长度之比小于 1.74,即单悬跨系数 $\eta>1/1.74$,$\sigma'_{x2max}<\sigma_{y2max}$,硬厚岩板走向固支边首先发生断裂,其边界条件由一边固支三边简支转化为四边简支,此时岩板下表面中部拉应力迅速增大并发生断裂,形成对称的竖向"O-X"形破断,如图 2-20(a)所示。

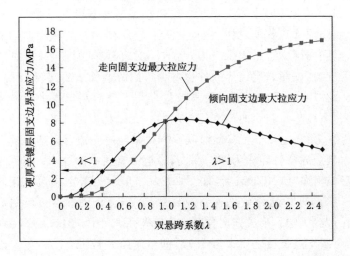

图 2-30　两邻边固支两邻边简支岩板不同双悬跨系数最大拉应力变化曲线

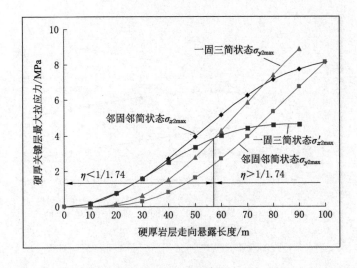

图 2-31　倾向边断裂后岩板最大拉应力变化曲线

当两邻边固支两邻边简支硬厚岩层初次破断时双悬跨系数 $\lambda=1$，即倾向固支边长度等于走向固支边长度，硬厚岩板两固支边最大拉应力相等。所以两固支边同时达到抗拉强度并发生破断，其边界条件转化为四边简支状态。硬厚岩板下表面中部拉应力迅速增大而发生破断，形成对称的正"O-X"形破断，如图 2-20(b)所示。

当两邻边固支两邻边简支硬厚岩层初次破断时双悬跨系数 $\lambda>1$，即走向固支边与倾向固支边长度之比大于1，如图 2-30 所示。岩板走向固支边最大拉应力大于倾向固支边最大拉应力，走向固支边首先达到抗拉强度并发生断裂，形成简支边，硬厚岩层边界条件由两邻边固支两邻边简支转化为一边固支三边简支，此时岩板倾向固支边最大拉应力与下表面走向最大拉应力迅速增大，如图 2-32 所示。若走向简支边与倾向固支边长度之比小于 1.74，即单悬跨系数 $\eta<1.74$，$\sigma_{x2max}>\sigma'_{y2max}$，此时硬厚岩板倾向固支边首先达到抗拉强度并发生断裂，其边界条件转化为四边简支，岩板下表面中部拉应力迅速增大而发生断裂，形成横向"O-X"形破断，如图 2-20(c) 所示。若走向边与倾向边长度之比等于 1.74，即单悬跨系数 $\eta=1.74$，$\sigma_{x2max}=\sigma'_{y2max}$，硬厚岩板倾向固支边与下表面同时发生破断，形成横向偏"O-X"形破断，如图 2-21(c) 所示；若走向简支边与倾向固支边长度之比大于 1.74，即单悬跨系数 $\eta>1.74$，$\sigma_{x2max}<\sigma'_{y2max}$，硬厚岩层下表面首先达到抗拉强度而发生断裂，随后倾向固支边最大拉应力迅速增大并发生破断，形成横向偏"O-X"形破断，如图 2-21(c) 所示。

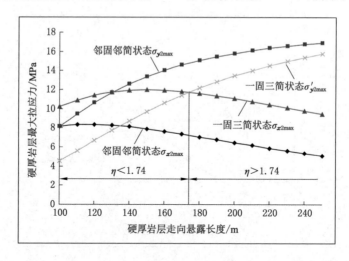

图 2-32　走向边断裂后岩板最大拉应力变化曲线

综合上述分析可得，两邻边固支两邻边简支硬厚关键层初次破断过程为：

硬厚岩层初次破断时，如果 $\lambda<\lambda_2$，倾向固支边首先破断，岩板转化为一边固支三边简支。此时，若 $\eta<1/\eta_1$，岩板下表面首先破断，形成竖向偏"O-X"形破断；若 $\eta=1/\eta_1$，岩板走向固支边和下表面同时破断，形成竖向偏"O-X"形破断；若 $\eta>1/\eta_1$，走向固支边首先破断，岩层又转化为四边简支，形成对称的竖向"O-X"形破断。

如果 $\lambda = \lambda_2$，矩形岩板两相邻固支边同时发生断裂，形成对称的正"O-X"形破断。

如果 $\lambda > \lambda_2$，走向固支边首先破断，岩板转化为一边固支三边简支。此时，若 $\eta < \eta_1$，倾向固支边首先破断，岩板转化为四边简支，形成横向"O-X"形破断；若 $\eta = \eta_1$，岩板倾向固支边和下表面同时破断，形成横向偏"O-X"形破断；若 $\eta > \eta_1$，岩板下表面首先破断，形成横向偏"O-X"形破断。

2.5　硬厚关键层破断跨度计算及影响因素

2.5.1　硬厚关键层破断跨度计算

由不同边界条件硬厚关键层应力分布特征以及破断过程分析可知，当硬厚关键层固支边上表面或者下表面中部最大拉应力达到岩层的抗拉强度 σ_t 时，硬厚岩板开始产生断裂，随着岩板断裂裂隙的贯通，硬厚关键层便发生结构性垮落失稳，即：

$$\sigma_{imax} = \sigma_t \tag{2-78}$$

式中　σ_{imax}——不同边界条件硬厚关键层最大拉应力，MPa。

将不同边界条件硬厚关键层最大拉应力代入式（2-78），便可得到硬厚岩层初次破断跨度求解等式。所得等式经降次化简为一元八次方程，目前一元高次方程尚无求解公式。因此，利用 Mathematica 数值软件对方程进行求解计算，可以快速得到硬厚岩层初次破断跨度。

2.5.2　硬厚关键层破断跨度影响因素

综合前文分析，工作面开采过程中，影响硬厚岩层初次破断跨度主要与岩层的抗拉强度 σ_t、倾向悬露长度 b、岩层厚度 h 和上覆载荷 q 等四种因素有关。

（1）抗拉强度 σ_t

根据岩石的强度特征，岩板的抗拉强度小于抗压强度和抗剪强度，这是判断岩层破断失稳的主要力学依据。由图 2-33 抗拉强度对硬厚关键层初次破断的影响曲线可以看出，各类边界条件的硬厚关键层初次破断跨度变化随着岩体抗拉强度的增大大致分为两部分。

如图 2-33(a)所示，对于双向固支的四边固支、三边固支一边简支和两邻边固支两邻边简支硬厚关键层，当初次破断前双悬跨系数 $\lambda < \lambda_0(\lambda_1、\lambda_2)$ 时，硬

厚关键层初次破断跨度随抗拉强度的增大呈反"S"形增长趋势。抗拉强度较小时,初期破断跨度随抗拉强度增大迅速增大,然后趋于线性增长;当双悬跨系数接近 $\lambda_0(\lambda_1 、\lambda_2)$ 时,破断跨度再次迅速增大;当初次破断前双悬跨系数 $\lambda > \lambda_0(\lambda_1 、\lambda_2)$ 时,随着抗拉强度的增大,硬厚关键层初次破断跨度迅速增大而达到极限破断跨度,呈指数型增长。单向固支的两对边固支两对边简支和一边固支三边简支硬厚关键层,初次破断跨度随抗拉强度的增长变化趋势与双向固支的硬厚关键层相同,只是当单悬跨系数 $\eta < \eta_0(\eta_1)$ 时,初次破断跨度的"S"形增长趋势更加明显,如图 2-33(b)所示。

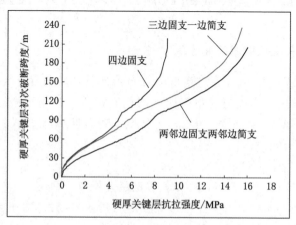

(a) 双向固支

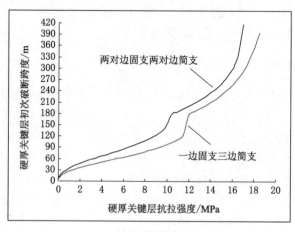

(b) 单向固支

图 2-33 抗拉强度对初次破断跨度的影响曲线

（2）倾向悬露长度 b

由图 2-34 可以看出，无论对于哪种边界条件硬厚关键层，倾向悬露长度不小于矩形岩板的极限跨距 l_b，硬厚关键层才会发生破断失稳，并且硬厚关键层初次破断跨度 a 与倾向悬露长度 b 的关系呈"W"形曲线。对于双向固支的硬厚关键层，当倾向悬露长度接近极限跨距 l_b 时，硬厚关键层初次破断跨度趋于极限破断跨度，如图 2-34(a) 所示；随着悬露长度的增大，硬厚关键层初次破断跨度迅速减小，此时硬厚关键层破断前双悬跨系数 $\lambda > \lambda_0 (\lambda_1 、\lambda_2)$；当初次破断前双悬跨系数接近 λ_0 时，硬厚关键层破断跨度随悬露长度增大而减小的速率趋于缓

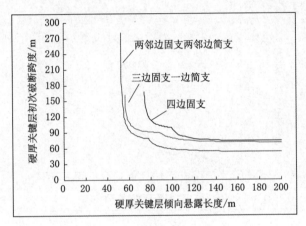

（a）双向固支

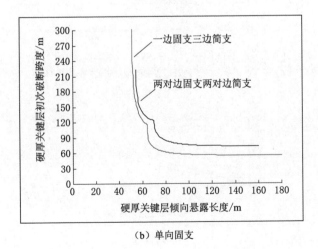

（b）单向固支

图 2-34　倾向悬露长度对初次破断跨度的影响

和;随着硬厚关键层悬露长度的继续增大,当破断前双悬跨系数 $\lambda < \lambda_0(\lambda_1、\lambda_2)$ 后,硬厚关键层初次破断跨度再次迅速减小,随着悬露长度的增大逐渐趋于稳定。同样,对于单向固支的硬厚关键层,其破断跨度与倾向悬露长度变化关系与双向固支硬厚关键层相类似,如图 2-34(b)所示。

(3) 岩层厚度 h

由图 2-35 可以看出,随着硬厚岩层厚度的增大,硬厚关键层初次破断跨度的变化也是分为两部分。对于双向固支的硬厚关键层,当双悬跨系数 $\lambda < \lambda_0(\lambda_1、\lambda_2)$ 时,随着岩层厚度的增大,硬厚关键层破断跨度基本呈线性增长;当双悬跨系

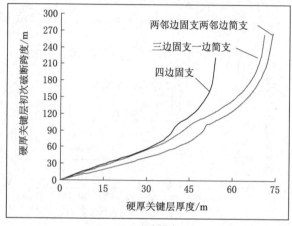

(a) 双向固支

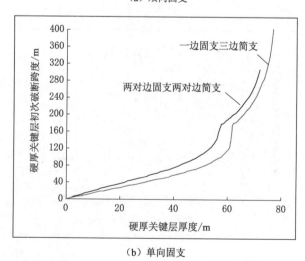

(b) 单向固支

图 2-35　岩层厚度对初次破断跨度的影响

数接近 $\lambda_0(\lambda_1、\lambda_2)$ 时,初次破断跨度增长速率变大;随着岩层厚度的继续增大,当硬厚关键层双悬跨系数 $\lambda > \lambda_0(\lambda_1、\lambda_2)$ 时,其破断跨度随岩层厚度的增长呈指数型曲线增大,如图 2-35(a)所示。对于仅有单向固支的硬厚关键层,破断跨度与岩层厚度变化的增长趋势与双向固支硬厚关键层相类似,如图 2-35(b)所示。

(4) 上覆载荷 q

由图 2-36 中上覆载荷对初次跨度的影响曲线可以看出,当硬厚关键层自重及上覆载荷大于临界值时,硬厚关键层才会发生破断失稳,并且随着自重及

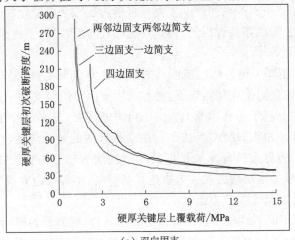

(a) 双向固支

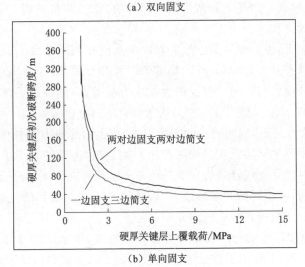

(b) 单向固支

图 2-36　上覆载荷对初次破断跨度的影响

上覆载荷的增大,其破断跨度的变化曲线也呈"W"形曲线。当自重及上覆载荷接近临界值时,硬厚岩层破断跨度接近极限破断跨度,随着上覆载荷的增加,岩层破断跨度迅速减小,并在硬厚关键层悬跨系数为 $\lambda_0(\lambda_1,\lambda_2)$ 或 $\eta_0(\eta_1)$ 处出现拐点。随着上覆载荷的继续增大,硬厚关键层破断跨度再次迅速减小,随后逐渐趋于稳定。

2.6　本章小结

本章根据工作面开采初期上覆硬厚岩层初次破断前所处的五种边界条件建立力学模型,对硬厚关键层的弯曲特征及破断过程进行了研究分析,得到如下结论:

(1)根据硬厚关键层初次破断前边界条件将其分为四边固支、三边固支一边简支、两邻边固支两邻边简支、两对边固支两对边简支和一边固支三边简支等五种形式。基于弹性薄板理论和瑞利-里兹法,分别建立不同边界条件硬厚岩层复合三角级数挠曲函数。利用薄板弯曲的最小势能和能量变分法,求解出后四种边界条件硬厚关键层的弯曲挠度方程。根据挠度与应力的关系,得到了硬厚关键层弯曲正应力表达式,计算出了各种边界条件硬厚关键层拉应力最大点及最大拉应力值。

(2)根据不同形式硬厚关键层边界支承条件,将其分为双向固支岩板(四边固支、三边固支一边简支和两邻固支两邻边简支)和单向固支岩板(两对边固支两对边简支和一边固支三边简支)。对于双向固支岩板,令两方向固支边最大拉应力相等,得到硬厚关键层的初次破断前双悬跨系数 λ;双悬跨系数仅与边界支承状态有关,而与岩板的物理力学性质无关;对于单向固支岩板,令固支边最大拉应力与异向下表面最大拉应力相等,得到硬厚关键层初次破断前单悬跨系数 η,且 η 与关键层支承状态和岩层泊松比有关。

(3)一般情况下,双向固支的四边固支、三边固支一边简支和两邻边固支两邻边简支硬厚关键层首先在端部产生断裂裂隙,进而转化为单向固支的两对边固支两对边简支或者一边固支三边简支结构状态。而单向固支硬厚关键层初次破断前,在不同的开采阶段,岩板首先产生拉断破坏的位置不同,导致其破断过程和破断形式也有所差异。

(4)根据硬厚岩层初次破断跨度计算关系式,揭示了硬厚岩层初次破断跨度与抗拉强度 σ_t、倾向悬露长度 b、岩层厚度 h 和上覆载荷 q 等因素的关系。

第 3 章　上覆高位硬厚关键层结构演化规律及变异特征

随着矿井开采深度的不断增加,矿震、冲击地压、煤与瓦斯突出以及支架动载等矿山强动力灾害日益严重。相关研究表明[40,145],煤矿综采机械化程度的提高带来的高强度、大尺度快速推进,导致采场覆岩运动范围增大,与动力灾害相关的岩层运动与应力场范围在厚度方向上已经超出了传统基本顶的范围。尤其是工作面上方赋存单层甚至多层高位硬厚岩层时,由于硬厚岩层强度高、完整性好,初次破断步距大,工作面开采后易形成复杂的空间结构,其大面积垮落引发覆岩大结构失稳,导致应力场发生突变,极易诱发强烈的动力灾害。因此,研究单层或多层高位硬厚岩层覆岩空间结构演化规律以及离层裂隙发育特征,对揭示动力灾害发生发展过程以及采取科学的防治措施具有重要意义。

3.1　相似材料模拟试验设计

所谓覆岩空间结构是指煤层开采过程中,上覆岩层断裂边缘的特征以及硬厚岩层断裂前后覆岩空间结构形态。由于矿山开采活动的特殊性,现场对采场覆岩空间结构演化进行观测研究需要大量的人力和物力,工作量大、周期长、费用高,并且不能直观地观察到采场上覆岩层空间结构演化过程,在观测过程中受生产活动等外界因素影响较大,难以取得较好的效果[146]。而相似材料模拟试验是以相似理论和相似准则为基础,在实验室内按照一定的几何比例建立煤岩层相似模型,在边界条件相似的初始条件下进行开采,可以有效地再现煤层采出后上覆岩层断裂、垮落以及覆岩结构演化的全过程,是研究采场上覆岩层运动规律的主要方法之一[147]。

3.1.1　相似模拟试验手段及监测设备

为了更好地研究高位硬厚岩层下开采的上覆岩层断裂特征以及覆岩空间

结构演化规律,本次相似材料模拟试验选用山东科技大学重点实验室二维平面相似材料模拟试验平台进行试验,如图 3-1 所示。相似材料模拟试验平台由框架系统、加载系统和测试系统三部分组成。其中框架的规格为 3 m×0.4 m×2.1 m,有效高度为 1.8 m。岩层位移监测采用尼康全站仪设置位移监测点,监测模型开采过程中上覆岩层位移变化情况,针对上覆岩层运动典型状态,利用数码相机拍照记录,如图 3-2 所示。

图 3-1 相似材料模拟试验平台

图 3-2 全站仪

3.1.2　相似材料模拟试验设计

相似材料模拟试验模型以淮北矿业集团杨柳煤矿 104 采区煤层地质综合柱状图和岩石力学参数为参考,共设计两个试验模型。模型 1:单层岩浆岩,岩浆岩厚度为 60 m,与开采煤层间距为 80 m。模型 2:两层岩浆岩,上层岩浆岩厚度为 70 m,下层岩浆岩厚度为 40 m,两层岩浆岩间距为 40 m,下层岩浆岩与煤层间距为 60 m。为了使煤层开采后上覆岩层垮落效果更加显著,设计模型工作面开采高度为 8 m。

3.1.3　相似模型参数选择

根据相似理论的三大定理,在进行相似材料模拟试验时需遵循四种原则:① 几何相似;② 物理现象相似;③ 初始、边界条件相似;④ 各同名无因次参数相等[148]。在此基础上,根据模拟工作面开采规模确定相似模型的各个相似比参数。

本次模拟试验以细河砂为骨料,以石膏和碳酸钙为胶结材料,以云母粉为分层材料。选取模型的几何相似常数 $C_l = 200$,容重相似常数 $C_\gamma = 1.5$,由此计算可得:时间相似常数 $C_t = \sqrt{C_l} \approx 14$,弹性模量相似常数 $C_E = C_l \cdot C_\gamma = 300$。由于工作面上覆岩层中存在节理裂隙,故对岩石强度考虑 0.7 的折减系数,通过制作不同配比的小试件进行单轴抗压强度试验,选取与现场岩石强度相同的最佳配比参数,见表 3-1 和表 3-2。

表 3-1　相似材料模拟试验岩层分布及材料配比(模型 1)

岩层编号	岩层名称	厚度/cm	累计厚度/cm	配比号	容重/(g/cm³)	材料用量/kg 砂子	碳酸钙	石膏	分层厚/cm	重复次数
31	粉砂岩	6	162.7	755	1.6	100.8	7.2	7.2	3	2
30	泥岩	6	156.7	864	1.5	96	7.2	4.8	3	2
29	细砂岩	6	150.7	782	1.6	100.8	11.52	2.88	3	2
28	粉砂岩	5.2	144.7	755	1.6	87.36	6.24	6.24	2.6	2
27	泥岩	5.2	139.5	864	1.5	83.2	6.24	4.16	2.6	2
26	粉砂岩	5	134.3	755	1.6	84	6	6	2.5	2
25	泥岩	12	129.3	864	1.5	192	14.4	9.6	3	4

表 3-1(续)

岩层编号	岩层名称	厚度/cm	累计厚度/cm	配比号	容重/(g/cm³)	材料用量/kg			分层厚/cm	重复次数
						砂子	碳酸钙	石膏		
24	细砂岩	7	117.3	782	1.6	117.6	13.44	3.36	3.5	2
23	砂质泥岩	4.4	110.3	864	1.5	70.4	5.28	3.52	2.2	2
22	细砂岩	4.8	105.9	782	1.6	80.64	9.216	2.304	2.4	2
21	泥岩	4.6	101.1	864	1.5	73.6	5.52	3.68	2.3	2
20	粉砂岩	5.4	96.5	755	1.6	90.72	6.48	6.48	2.7	2
19	泥岩	3.6	91.1	864	1.5	57.6	4.32	2.88	1.8	2
18	岩浆岩	30	87.5	737	1.5	472.5	20.25	47.25	30	1
17	泥岩	1.5	57.5	864	1.5	24	1.8	1.2	1.5	1
16	细砂岩	2.8	56	782	1.6	47.04	5.376	1.344	1.4	2
15	砂质泥岩	3	53.2	864	1.5	48	3.6	2.4	1.5	2
14	粉砂岩	3.2	50.2	755	1.6	53.76	3.84	3.84	1.6	2
13	8#煤	1.6	47	864	1.5	25.6	1.92	1.28	1.6	1
12	粉砂岩	1.5	45.4	755	1.5	23.625	1.6875	1.6875	1.5	1
11	泥岩	3.2	43.9	864	1.5	51.2	3.84	2.56	1.6	2
10	粉砂岩	3.2	40.7	755	1.6	53.76	3.84	3.84	1.6	2
9	砂质泥岩	4	37.5	864	1.5	64	4.8	3.2	2	2
8	粉砂岩	3	33.5	755	1.6	50.4	3.6	3.6	1.5	2
7	泥岩	2.8	30.5	864	1.5	44.8	3.36	2.24	1.4	2
6	粉砂岩	3	27.7	755	1.6	50.4	3.6	3.6	1.5	2
5	花斑泥岩	3	24.7	864	1.5	48	3.6	2.4	1.5	2
4	粉砂岩	3	21.7	755	1.6	50.4	3.6	3.6	1.5	2
3	细砂岩	1.2	18.7	782	1.6	20.16	2.304	0.576	1.2	1
2	10#煤	4	17.5	864	1.5	64	4.8	3.2	4	1
1	粗砂岩	13.5	13.5	773	1.6	226.8	22.68	9.72	5.4	2.5

表 3-2　相似材料模拟试验岩层分布及材料配比（模型 2）

| 岩层编号 | 岩层名称 | 厚度/cm | 累计厚度/cm | 配比号 | 容重/(g/cm³) | 材料用量/kg | | | 分层厚/cm | 重复次数 |
						砂子	碳酸钙	石膏		
34	泥岩	4	156.5	864	1.5	35.20	2.64	1.76	2	2
33	细砂岩	4	152.5	782	1.6	73.92	8.45	2.11	4	1
32	粉砂岩	2.5	148.5	755	1.6	46.20	3.30	3.30	2.5	1
31	砂质泥岩	4	146	864	1.5	35.20	2.64	1.76	2	2
30	粉砂岩	3	142	755	1.6	27.72	1.98	1.98	1.5	2
29	细砂岩	4	139	782	1.6	36.96	4.22	1.06	2	2
28	砂质泥岩	3.5	135	864	1.5	61.60	4.62	3.08	3.5	1
27	粉砂岩	1.5	131.5	755	1.6	27.72	1.98	1.98	1.5	1
26	泥岩	2.5	130	864	1.5	44.00	3.30	2.20	2.5	1
25	粉砂岩	2	127.5	755	1.6	36.96	2.64	2.64	2	1
24	泥岩	3	125.5	864	1.5	26.40	1.98	1.32	1.5	2
23	岩浆岩	35	122.5	737	1.5	51.98	2.23	5.20	3	12
22	砂质泥岩	1	87.5	864	1.5	17.60	1.32	0.88	1	1
21	砂质泥岩	1.5	86.5	864	1.5	26.40	1.98	1.32	1.5	1
20	砂质泥岩	2.5	85	864	1.5	44.00	3.30	2.20	2.5	1
19	细砂岩	4	82.5	782	1.6	36.96	4.22	1.06	2	2
18	泥岩	3	78.5	864	1.5	26.40	1.98	1.32	1.5	2
17	粉砂岩	4	75.5	755	1.6	36.96	2.64	2.64	2	2
16	泥岩	4	71.5	864	1.5	35.20	2.64	1.76	2	2
15	岩浆岩	20	67.5	737	1.5	51.98	2.23	5.20	3	7
14	泥岩	1.5	47.5	864	1.5	26.40	1.98	1.32	1.5	1

表 3-2(续)

岩层编号	岩层名称	厚度/cm	累计厚度/cm	配比号	容重/(g/cm³)	材料用量/kg			分层厚/cm	重复次数
						砂子	碳酸钙	石膏		
13	细砂岩	6	46	782	1.6	36.96	4.22	1.06	2	3
12	砂质泥岩	1	40	864	1.5	17.60	1.32	0.88	1	1
11	粉砂岩	3	39	755	1.6	55.44	3.96	3.96	3	1
10	粉砂岩	2	36	755	1.6	36.96	2.64	2.64	2	1
9	8#煤	2	34	864	1.5	35.20	2.64	1.76	2	1
8	泥岩	3	32	864	1.5	26.40	1.98	1.32	1.5	2
7	粉砂岩	4	29	755	1.6	36.96	2.64	2.64	2	2
6	花斑泥岩	2	25	864	1.5	35.20	2.64	1.76	2	1
5	花斑泥岩	1.5	23	864	1.5	26.40	1.98	1.32	1.5	1
4	粉砂岩	3	21.5	755	1.6	27.72	1.98	1.98	1.5	2
3	细砂岩	1	18.5	782	1.6	18.48	2.11	0.53	1	1
2	10#煤	4	17.5	864	1.5	35.20	2.64	1.76	2	2
1	粗砂岩	13.5	13.5	773	1.6	49.90	4.99	2.14	2.7	5

3.1.4 相似模型制作

将细河砂、石膏和碳酸钙按照表 3-1 和表 3-2 中各岩层分层所需配比量进行称重,并将三者均匀混合,加入适量的水进行充分搅拌。从煤层底板岩层开始逐层向上铺设,并在试验台两侧安装防护板。模型铺设过程中,各岩层之间撒云母粉模拟层面。除硬厚岩浆岩外,其他岩层厚度较大时,分层铺设,并在层间撒少量云母粉模拟层理。模型模拟走向长度 600 m,推进长度 500 m,两端各留 50 m 边界煤柱;模拟开采深度 600 m,模型累计铺设高度 1.6 m,实际模拟岩层厚度 320 m。上部省略岩层用同等重量的钢件施加均布载荷,所建相似模型如图 3-3 所示。

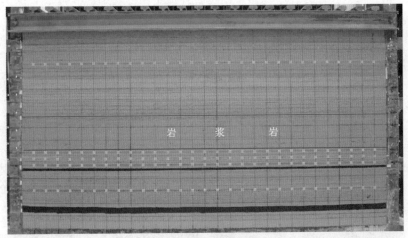

（a）单层岩浆岩

（b）两层岩浆岩

图 3-3　相似材料模拟试验模型全景图

3.2　覆岩结构形态演化特征

制作好的相似模型干燥一周左右,然后拆除防护板继续风干十天左右,当模型达到一定强度时便可进行模拟开挖。模型自右向左推进,每次开挖 5 cm,相当于工作面推进 10 m,每 2 h 开挖一次,一天开挖 6 次,模拟工作面推进 60 m。模型开挖过程中利用全站仪全程记录模型参考点的位移变化,并利用数码相机系统性地记录每次开挖前后模型上覆岩层垮落情况。

3.2.1 单层岩浆岩覆岩结构演化规律

相似模型自开切眼开始,随着工作面不断推进,下位直接顶与上部岩层之间逐渐产生离层裂隙,岩层产生弯曲下沉直至破断垮落,如图 3-4(a)所示。随着工作面继续推进,基本顶与上位岩层产生离层,顶板弯曲挠度逐渐增大而发生垮落,垮落后的基本顶岩层规则地压在垮落的直接顶上,走向上相互作用形成稳定的铰接体,如图 3-4(b)所示。开切眼后方和采空区前方未垮落岩体边缘形成偏向采空区的倒台阶状边缘,并且与采空区上方未破断顶板形成拱形结构,拱形结构边缘与水平面形成一定的夹角,即岩层断裂的垮落角。

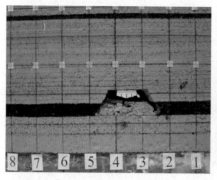

(a)直接顶垮落情况　　　　　　(b)基本顶垮落情况

图 3-4　模型开挖初期顶板垮落情况

随着工作面开采范围的不断增大,工作面直接顶和基本顶进入周期破断阶段,离层裂隙逐步向上发育,基本顶上方岩层逐渐进入初次断裂垮落,垮落的上覆岩层同样相互作用形成具有一定承载能力的稳定铰接结构,如图 3-5(a)所示。工作面推进 160 m 时,离层裂隙发育到硬厚岩浆岩底部,在开挖过程中,采空区两侧未破断岩体和上方未破断岩层组成的拱形结构在厚度方向上逐渐向上扩展,在走向上随着工作面的不断推进岩层断裂边缘逐渐前移,如图 3-5(b)所示。

随着工作面继续推进,硬厚岩浆岩下方岩层全部进入周期破断阶段,离层裂隙在走向方向上不断发育扩展,在厚度方向上由于岩浆岩关键层的屏蔽作用而止于硬厚岩浆岩底部。随着开采面积的增大,采空区中部垮落岩层逐渐

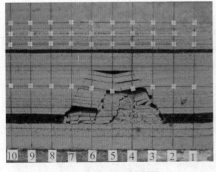
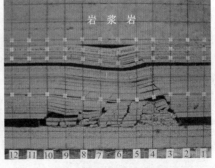

（a）上覆岩层垮落情况　　　　　　（b）离层裂隙发育到岩浆岩底部

图 3-5　模型开挖上覆岩层垮落情况

压实,岩浆岩底部离层空间形成"盆地"状,此时,硬厚岩浆岩与采空区两侧未破断岩体形成稳定的"梯"形覆岩空间结构,如图 3-6 所示。一般情况下,当上覆岩层中存在硬厚关键层时,由于硬厚关键层具有强度高、厚度大以及完整性好的特点,其初次破断跨度大,在初次破断前承载着上覆岩层的重量,并对离层裂隙的向上发育具有较好的屏蔽作用,硬厚关键层初次破断前与采空区四周未破断岩体易形成"梯"形覆岩空间结构。

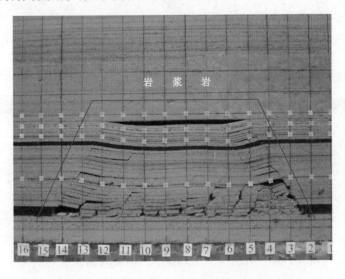

图 3-6　"梯"形覆岩空间结构示意图

　　"梯"形覆岩空间结构的特点:硬厚关键层承载着上覆岩层的载荷,并通过"梯"形结构两侧的结构体传递到工作面,在工作面形成较高的集中应力,造成采场煤体和围岩弹性能增大,易诱发静载荷性冲击地压和煤与瓦斯突出等动力灾害的发生;"梯"形覆岩空间结构内部岩层充分垮落,采空区中部垮落岩层基本压实,在采空区四周形成环绕采空区的"O"形裂隙带;由于硬厚关键层对离层裂隙的向上发育具有很好的屏蔽作用,离层裂隙在硬厚关键层底部充分发育,离层裂隙内形成负压空间。若离层空间位于裂隙带内,并且开采煤层或者上覆岩层中富含瓦斯,游离态的瓦斯便通过采空区四周的"O"形裂隙带进入硬厚关键层底部的离层空间内,易形成离层瓦斯聚积区。若离层空间位于弯曲下沉带内,下层岩层虽然发生显著下沉,但是竖向断裂裂隙并未贯穿岩层,离层空间封闭性较好,此时若离层裂隙附近赋存有富水岩层,在离层空间负压和含水层水压的作用下,岩层水会汇集到离层空间内,形成顶板离层水,如图 3-7 所示。

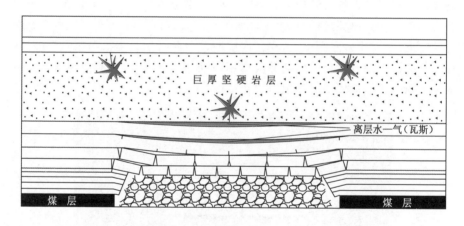

图 3-7　离层水(瓦斯)突涌动力灾害模型

　　当硬厚关键层达到极限破断跨度时,"梯"形覆岩空间结构便发生结构性破断垮落失稳,并释放大量的弹性能和重力势能对离层空间内的瓦斯和水产生强冲击作用,导致离层瓦斯或离层水沿采空区四周"O"形裂隙带涌入工作面,造成工作面瓦斯突出或者发生顶板水害。另外,由于硬厚关键层初次破断跨度较大,其初次破断前储存了大量弹性能,当其垮落失稳时释放的能量转化为冲击载荷,对四周岩体产生强烈的冲击震动作用,引起矿井强微震事件的发生。硬厚关键层破断对工作面围岩体也产生强动压显现,极易诱发工作面支架动载和动载型冲击地压以及煤与瓦斯突出等强动力灾害的发生。严重威胁采场工作人员的人身安全,影响工作面的安全高效回采。

当模型工作面推进到 270 m 时,由于岩浆岩下部软弱岩层的弹性地基效应,而导致硬厚岩浆岩下表面中部最大拉应力大于端部上表面最大拉应力,硬厚岩浆岩下表面中部首先出现竖向断裂裂隙,如图 3-8 所示。工作面推进到 290 m 时,高位硬厚岩浆岩端部出现断裂裂隙,并且岩浆岩下表面中部竖向裂隙开度增大,裂隙长度增加,如图 3-9 所示。随着工作面继续推进,硬厚岩浆岩两端部和下表面中部断裂裂隙持续发育,硬厚岩浆岩及上覆岩层出现明显弯曲下沉。端部断裂迹线并不垂直于岩浆岩层面,而是偏向采空区外侧方向,与层面垂线形成一定夹角 γ,即岩层断裂角,如图 3-10 所示。

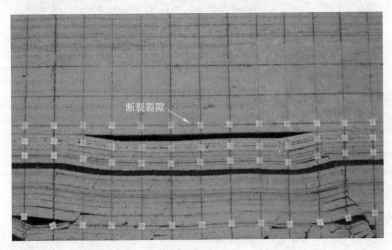

图 3-8　岩浆岩断裂示意图(工作面推进 270 m)

随着工作面继续推进,工作面上覆岩层发生周期性垮落失稳,高位硬厚岩浆岩悬露面积继续增大,在自重及上覆载荷作用下,岩浆岩断裂裂隙继续发育。工作面推进到 340 m 时,高位硬厚岩浆岩发生结构性垮落失稳,同时其上覆岩层也随之发生断裂垮落,如图 3-11 所示。随后,高位硬厚岩浆岩进入周期性破断阶段。此时,由于硬厚岩浆岩从空间来说呈悬臂状态,悬露的岩浆岩与下位未破断岩体相互作用形成稳定的支承结构,在走向上形状犹如希腊字母"Γ",因此,称此结构为"Γ"形覆岩空间结构,如图 3-12 所示。一般情况下,当上覆岩层中赋存硬厚关键层时,由于硬厚关键层周期破断步距大,所以易形成"Γ"形覆岩空间结构。

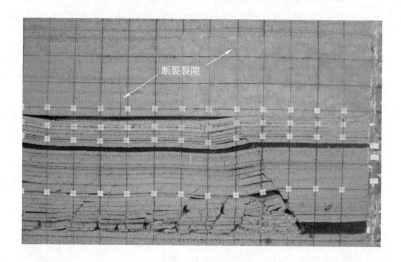

图 3-9　岩浆岩断裂示意图(工作面推进 290 m)

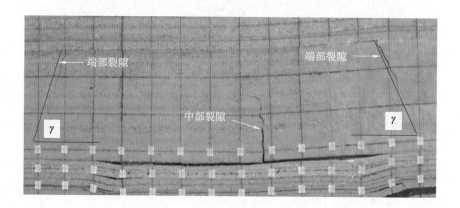

图 3-10　岩浆岩破断断裂裂隙

　　"Γ"形覆岩空间结构的特点：硬厚关键层周期断裂前相对于一般岩层来说悬露面积大，易引起采场围岩应力周期性增高，导致工作面坚硬煤岩体发生强度失稳，诱发静载荷型冲击地压或者煤与瓦斯突出现象。硬厚关键层周期破断时同样会产生一定强度的冲击动能，冲击动能通过下部岩层传递到采场，引起采场煤岩体的扰动，诱发动载型冲击地压或煤与瓦斯突出，并且还可能诱发支架动载。

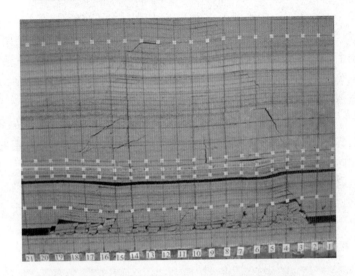

图 3-11 岩浆岩垮落失稳(工作面推进 340 m)

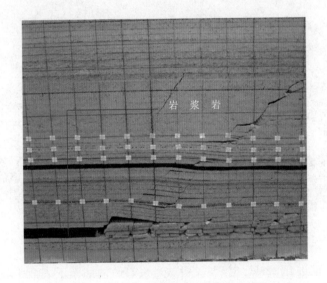

图 3-12 "Γ"形覆岩空间结构示意图

3.2.2 两层岩浆岩覆岩结构演化规律

同样,模型 2 制作完后放置三周左右进行风干,然后在右侧留 50 m 边界煤柱,以消除试验台边框对试验效果的影响。由于模型 2 硬厚岩浆岩下方岩层与模型 1 基本相似,在模型工作面开采过程中,下位断裂垮落运动规律基本一致,所以不再对模型 2 开采初期下位岩层垮落运动情况进行详细阐述。

对于上覆两层硬厚岩浆岩的情况,根据上覆岩层关键层判别方法,下位岩浆岩为亚关键层,控制着上部局部岩层的垮落运动;上位岩浆岩为主关键层,控制着上覆全部岩层的垮落运动。随着开采范围的不断扩大,采空区上覆岩层垮落运动逐渐向上扩展。当工作面推进到 120 m 时,离层裂隙发育到下位岩浆岩底部,如图 3-13 所示。下位岩浆岩作为亚关键层,岩浆岩暂时阻碍了离层裂隙向上发育,但是随着工作面继续推进,离层裂隙在走向上不断发育,亚关键层岩浆岩悬露面积将会逐渐增大。此时,上覆岩层垮落运动尚未波及主关键层岩浆岩,仅亚关键层岩浆岩与下方未破断岩体相互作用,形成"梯"形覆岩空间结构。此"梯"形覆岩空间结构的特点及危害与单层岩浆岩初次破断前所形成的结构相类似,在这里不再过多赘述。

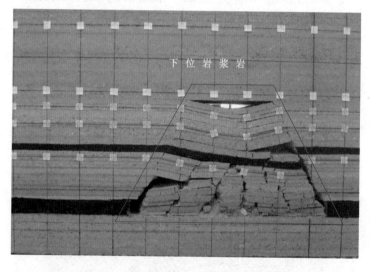

图 3-13 "梯"形覆岩空间结构示意图

工作面推进到 220 m 时,亚关键层岩浆岩两端部及下表面中部出现竖向裂隙。工作面推进到 240 m 时,亚关键层岩浆岩发生初次垮落失稳,其上方控制的软弱岩层发生同步垮落下沉,离层裂隙迅速发育到上位岩浆岩下方,如图 3-14 所示。由此可见,采空区上覆岩层中存在硬厚关键层时,离层裂隙在厚度方向上的发育具有突变性。随着工作面继续推进,亚关键层岩浆岩进入周期破断阶段。而主关键层岩浆岩又阻断了离层裂隙往上发育,并随着开采面积的不断扩大,其底部悬露面积不断发育增大。此时主关键层硬厚岩浆岩和亚关键层岩浆岩与其下方未破断岩体相互作用,三者组成较为稳定的承载结构,犹如"梯"形覆岩空间结构和"Γ"形覆岩空间结构的组合体,称之为"梯-Γ"复合型覆岩空间结构。一般情况,当工作面上覆岩层中存在两层硬厚关键层,亚关键层破断后,主关键层尚未破断,其下方岩体充分垮落,离层裂隙充分发育,此时,两层硬厚关键层与未破断薄层岩体易组合成"梯-Γ"复合型覆岩空间结构。

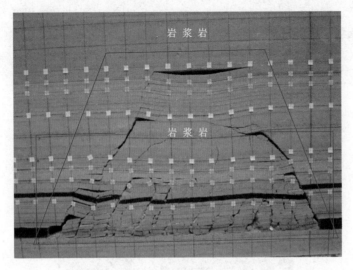

图 3-14　"梯-Γ"复合型覆岩空间结构示意图

　　"梯-Γ"复合型覆岩空间结构特点:此阶段高位主关键层尚未破断,由于主关键层厚度大、强度高,所承载的上覆载荷岩层厚度较大,其长时间大面积悬露造成采场围岩应力异常增大,而亚关键层的周期性破断引起采场围岩应力发生周期性突变,极易诱发采场冲击地压或煤与瓦斯突出等动力灾害的发生。另外,主关键层大步距悬跨导致底部离层裂隙充分发育,当煤层中富含瓦斯或者上覆岩层中赋存含水层时,易造成离层空间内瓦斯或岩层水的积聚,形成超大量的离层瓦斯或离层水。随着开采范围的增大,高位主关键层达到极限跨度,"梯"形覆岩空间结构发生结构性失稳,硬厚主关键层破断对离层空间产生强冲击作用,致使离层瓦斯或离层水压力急剧升高,高压的离层瓦斯或离层水沿采空区"O"形裂隙带进入工作面,引起离层瓦斯或离层水突涌等强动力灾害。高位主关键层破断时将会导致亚关键层的破断,和单层关键层相比,两层关键层破断垮落所产生的动压冲击较强烈,引起工作面强动压显现的发生,例如强支架动载或动压型冲击地压以及煤与瓦斯突出。

工作面推进到 390 m 时,高位主关键层两端部上表面出现断裂裂隙,并且主关键层及上覆岩层组开始出现整体性弯曲下沉。工作面推进到 410 m 时,主关键层及上方全部岩层组成的"梯"形覆岩空间结构发生结构性垮落失稳,工作面上覆岩层的垮落运动迅速发育到地表,随后主关键层岩浆岩及其上覆岩层组进入周期性破断阶段,如图 3-15 所示。此阶段高位主关键层周期破断前也呈悬臂状态,主关键层与亚关键层及下方未破断的岩层相互作用形成稳定的承载结构,形似英文字母"F",称此结构为"F"形覆岩空间结构。

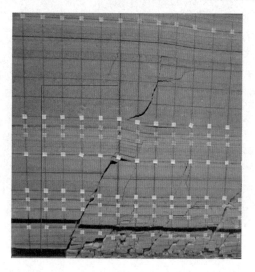

图 3-15 "F"形覆岩空间结构示意图

综上分析可知,工作面上覆岩层中赋存硬厚关键层时,由于关键层强度高、厚度大、承载能力强,在上覆岩层运动过程中,硬厚关键层与下位采空区周围未破断岩体相互作用,易形成稳定的覆岩空间结构。随着工作面开采范围不断增大,硬厚关键层破断垮落导致覆岩空间结构发生结构性垮落失稳,将诱发采场发生冲击地压、支架动载和煤与瓦斯突出等强动力灾害。

3.2.3 上覆岩层断裂规律力学分析

由上述试验结果可以看出,煤层采出后,上覆岩层垮落总是沿一定夹角断裂,形成偏向采区的倒台阶状断裂边缘,而岩层断裂边缘形态特征对采场覆岩层空间结构形态有重要影响。采空区上覆岩层的力学性质不同,岩层破断前力学状态就不同,岩层破断时端部断裂线角度也就不同,从而形成不同的岩层端部断裂形态特征。

现场监测数据表明,不同岩性、不同厚度的岩层初次破断前将出现不同的运动状态。如图 3-16(a)所示,对于较软弱岩层 B,初次破断前,在自身重力作用下发生弯曲下沉,层面拉应力或剪切应力使上、下岩层产生离层。随着开采范围的增大,离层空间和范围逐渐增大。当岩层内部因下沉产生的弯曲拉应力大于抗拉强度时便发生断裂。如图 3 16(b)所示,对于硬厚岩层 C,在上覆

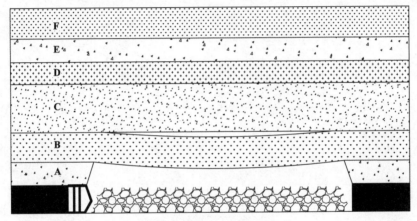

（a）软弱岩层B破断前出现离层现象

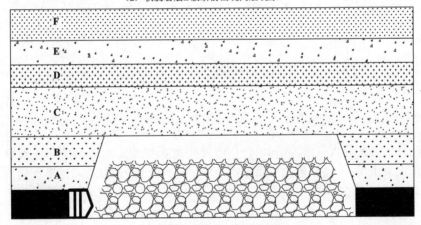

（b）坚硬岩层C破断前未出现离层现象

图 3-16 采空区上覆岩层破断前力学结构模型剖面图

岩层运动过程中作为关键层控制上部局部或全部岩层的运动,初次破断前与上覆岩层之间未产生离层现象,当硬厚岩层内部弯曲应力达到极限强度时,硬厚岩层控制的岩层组便发生结构性整体垮落失稳。

根据岩层的几何形状以及受力状态,无论岩层初次破断前有无离层,这两种运动状态的岩层都可视为平面应力问题进行处理。如图 3-17 所示,沿走向取研究对象 $ABCDEFGH$,走向悬跨长度为 L,厚度为 h,宽度为单位长度 d,建立平面力学模型(图 3-18)。

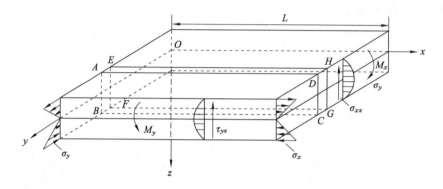

图 3-17 上覆岩层破断前力学结构模型

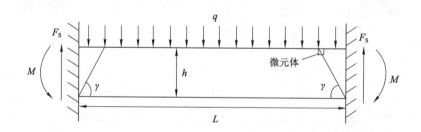

图 3-18 上覆岩层断裂力学简化模型

根据前文薄板弯曲力学分析可知,矩形薄板弯曲变形过程中中性面以上受拉应力作用,于是在研究对象端部上表面取微元体,并对微元体进行受力分析,将岩板自重转化为上覆载荷 q,如图 3-19 所示。

在微元体内任取外法线方向为 n、倾角为 γ 的斜截面,斜截面面积为 dA,微元体两侧受水平拉应力 σ_x 和竖向剪应力 τ_{zx};微元体上表面受均布载荷 q 和水平层面剪应力 τ_{zx},下表面受水平层面剪应力 τ_{zx} 和支承力 p。根据微元体力系平衡方程可得:

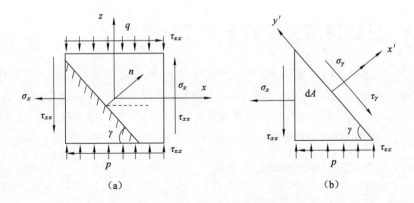

图 3-19　微元体应力状态分析

$$\int_A \sigma_\gamma \mathrm{d}A = \int_A \sigma_x \sin^2 \gamma \mathrm{d}A + \int_A \tau_{xz} \sin 2\gamma \mathrm{d}A - \int_A p \cos^2 \gamma \mathrm{d}A \qquad (3\text{-}1)$$

令 $\partial \sigma_\gamma / \partial \gamma = 0$，则可以确定微元体最大主应力所在截面的倾角：

$$\Big(\int_A \sigma_x \mathrm{d}A + \int_A p \mathrm{d}A\Big)\sin 2\gamma + 2\int_A \tau_{xz} \mathrm{d}A \cdot \cos 2\gamma = 0 \qquad (3\text{-}2)$$

经整理可得：

$$\tan 2\gamma = -\frac{2\displaystyle\int_A \tau_{xz} \mathrm{d}A}{\displaystyle\int_A \sigma_x \mathrm{d}A + \int_A p \mathrm{d}A} \qquad (3\text{-}3)$$

式中　$\displaystyle\int_A \tau_{xz} \mathrm{d}A$——微元体边界受到的剪力，N；

　　　$\displaystyle\int_A \sigma_x \mathrm{d}A$——微元体两侧受到的拉力，N；

　　　$\displaystyle\int_A p \mathrm{d}A$——微元体底部受到的支承力，N。

由式(3-3)可以看出，无论上覆岩层破断前是否出现离层，$\tan 2\gamma$ 的取值范围都为 $(-\infty, 0)$，于是可得 $90° < 2\gamma < 180°$，即 $45° < \gamma < 90°$。由此可见，上覆岩层断裂时，断裂迹线总是与岩层层面形成一定的夹角而未与层面垂线重合，如图 3-18 所示。因此，上覆岩层断裂后，在断裂线的外侧形成一个斜三角岩体，该斜三角岩体将作为上方岩层弯曲的支撑点，使上方岩层的断裂位置进一步向采空区中部方向转移，这样上方岩层断裂后将会形成一组倒台阶状的断裂边缘，从而使采场形成"梯"形和"Γ"形等一系列的覆岩空间结构。

3.3 高位硬厚关键层下离层裂隙发育规律

根据关键层理论,由于煤系地层沉积的分层性和结构与岩性上的差异性,采动覆岩在层状弯曲过程中产生沉降不同步,这种不同步弯曲沉降引起的岩层在其层面(或弱面)上产生的分离现象称之为离层[149]。相似材料模拟试验和生产实践表明,离层现象是上覆岩层运动过程中的一个显著特征。

3.3.1 覆岩离层裂隙产生机理及条件

3.3.1.1 覆岩离层裂隙产生机理

由相似材料模拟试验可知,煤层采出后,采空区上覆岩层底部出现悬露并失去支撑,上覆岩层在自重作用下产生弯曲沉降,在与上方的层间弱结构面上产生拉应力。若拉应力大于弱结构面的抗拉强度且下位抗弯刚度小于上位岩层,下位岩层弯曲挠度最大点处弱结构面出现拉破坏的微裂隙,如图 3-20(a)所示。由格里菲斯理论可知,在下位岩层重力作用下,微裂隙两端部便会出现较大的拉应力集中,使裂隙进一步发育,加剧了下位岩层的弯曲沉降运动,使裂隙张度和长度不断扩大,从而形成离层裂隙的发育。当下位岩层弯曲沉降产生的拉应力小于层间弱结构面抗拉强度时,下位岩层将会与上位岩层一起发生组合弯曲运动,如图 3-20(b)所示。根据薄板弯曲理论可知,平行于岩层各层面上出现的层面剪切应力,随着岩层悬跨尺寸的不断增大,层面剪切应力也随之增大,当剪切应力大于层间弱结构面的抗剪强度时,层间弱结构面即被剪坏而出现裂隙。若下位岩层抗弯刚度小于上位岩层,在层面剪切应力和下位岩层重力作用下,裂隙不断发育扩展,从而形成离层裂隙[63-64,69,77,150-151]。

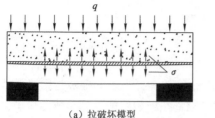 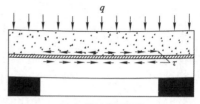

(a) 拉破坏模型   (b) 剪切破坏模型

图 3-20 覆岩离层产生机理力学模型

3.3.1.2　覆岩离层裂隙产生的条件

由离层裂隙产生机理可知,工作面开采之后,上覆岩层运动过程中,离层裂隙的产生需要具备以下四个条件:

(1) 覆岩结构条件

根据岩体坚硬程度不同,可将上覆岩层分为坚硬、中硬和软弱三种类型。上覆岩层垮落运动过程中,不同硬度类型的岩层相互组合出现不同的覆岩空间结构。由相似材料模拟试验可知,一般情况下,当上位岩层为坚硬岩层、下位岩层为中硬岩层或软弱岩层,或者上位岩层为中硬岩层、下位岩层为软弱岩层时,上位较坚硬岩层作为关键层在覆岩运动过程破断步距较大,与采空区两侧为破断岩体易形成稳定的"梯"形覆岩空间结构,为下位较软弱岩层充分垮落沉降提供充足的时间,从而导致离层裂隙充分发育,易形成较大的离层空间。

(2) 层间弱结构面力学条件

由离层产生机理可知,离层裂隙主要由下位软弱岩层重力产生的拉破坏和岩层组弯曲产生的层面剪切破坏所造成。所以,若下位岩层重力在弯曲沉降过程中产生的拉应力不小于岩层之间的弱结构面的抗拉强度,便产生拉破坏离层裂隙,即:

$$\gamma H \geqslant \sigma'_t \tag{3-4}$$

式中　γ——下位运动岩层的容重,N/m^3;

　　　H——下位运动岩层的厚度,m;

　　　σ'_t——上、下岩层间弱结构面的抗拉强度,MPa。

当下位岩层重力小于层间弱结构面抗拉强度,岩层组弯曲产生的层面剪切应力不小于弱结构面黏聚力和摩擦角相关的抗剪强度时,便产生剪切破坏离层裂隙,即:

$$\tau \geqslant \sigma \tan \varphi + C \tag{3-5}$$

式中　τ——上、下岩层之间层面的剪切应力,MPa;

　　　σ——上、下岩层之间层面法向应力,MPa;

　　　φ——上、下岩层之间弱结构面的摩擦角,(°);

　　　C——上、下岩层之间弱结构面的黏聚力,MPa。

(3) 岩层力学条件

上覆岩层弯曲沉降过程中,仅当下位岩层弯曲沉降位移大于上位岩层,二者之间才会明显分离,产生离层裂隙。所以,下位岩层的抗弯刚度应小于上位岩层,下位岩层的弯曲挠度大于上位岩层,即:

$$D_u > D_d, w_u < w_d \tag{3-6}$$

式中 D_u、D_d——上、下位岩层的抗弯刚度，N·m；

$\quad\quad$ w_u、w_d——上、下位岩层的弯曲挠度，m。

（4）下位岩层移动空间条件

工作面煤层采出后，上覆岩层垮落运动在厚度方向上逐渐向上发育，上覆岩层在弯曲沉降过程中产生层间破坏分离，形成离层裂隙，离层裂隙的产生发育过程是下位岩层弯曲沉降的结果，所以，下位岩层沿法线方向向下需要具有一定的可移动空间，即：

$$M - \sum(K_i - 1)H_i > 0 \tag{3-7}$$

式中 M——采出煤层的总厚度，m；

$\quad\quad$ K_i——第 i 层岩层的碎胀系数；

$\quad\quad$ H_i——第 i 层岩层的厚度，m。

3.3.2 覆岩离层裂隙演化规律分析

平面相似材料模拟试验只模拟了工作面走向方向覆岩结构演化及离层裂隙，未模拟工作面开采后倾向离层裂隙发育形态。本节利用 UDEC 离散元数值模拟软件在模拟走向开采的基础上，通过模型一次开挖模拟工作面倾向离层裂隙发育形态，并综合走向和倾向离层裂隙形态，研究硬厚关键层下方离层空间结构形态。

3.3.2.1 模型建立

以单层相似模型各岩层情况（表 3-1）为依据，分别建立走向和倾向 UDEC 数值模型，如图 3-21 所示。走向模型长 600 m，高 322.3 m；倾向模型宽 390 m，高 322.3 m。为了消除边界效应，模型两端各留 100 m 边界煤柱。模型两侧施加梯度应力边界和位移限定边界；模型底部施加位移限定边界；模型顶部施加应力边界，用以模拟上部省略岩层的载荷重量。

3.3.2.2 试验模拟方案

走向模型每 10 m 开挖平衡一次，直到高位硬厚关键层初次破断为止。倾向模型一次开挖 180 m，然后进行平衡计算，得到硬厚关键层下方工作面倾向离层裂隙发育形态。

3.3.2.3 模型岩层参数及本构模型选择

由于模拟方案较多，各个模型岩层高度和岩层赋存情况差别较大，此处不再对每个模型的岩层分布以及岩石力学参数进行详细罗列，仅列出模型中的各类岩层的岩石力学参数，见表 3-3。

图 3-21　数值模型

表 3-3　岩石力学参数

岩性	体积模量/GPa	剪切模量/GPa	内聚力/MPa	内摩擦角/(°)	抗拉强度/MPa
煤	4.8	3.6	1	18	0.8
粗砂岩	26.4	20.7	4.3	37	3.8
岩浆岩	38.7	29.7	6.2	42	4.5
细砂岩	12.3	8.3	3.4	35	3.2
粉砂岩	15.2	9.4	2.8	30	2.4
泥岩	7.1	5.1	1.2	25	1.1
砂质泥岩	8.4	5.9	1.6	27	1.7

　　在进行数值模拟时所定义模型采场围岩岩体性质的数学模型称为本构模型,是对岩石力学特性的经验性描述,反映的是外载条件下岩体的应力-应变关系[152-153]。根据煤系地层的岩石力学性质,在进行数值计算时选择摩尔-库伦模型,其强度准则为:

$$\frac{\sigma_1 - \sigma_3}{2} = \frac{\sigma_1 + \sigma_3}{2}\sin\varphi + C\cos\varphi \tag{3-8}$$

或

$$f_s = \sigma_1 - \sigma_3 \frac{1 + \sin\varphi}{1 - \sin\varphi} - 2C\sqrt{\frac{1 + \sin\varphi}{1 - \sin\varphi}} \tag{3-9}$$

式中 σ_1、σ_3——最大和最小主应力，MPa；

       C——岩体的内聚力，MPa；

       φ——岩体的内摩擦角，(°)；

       f_s——岩体的破坏判断系数，当 $f_s \geqslant 0$ 时，岩体处于塑性流动状态，当 $f_s \leqslant 0$ 时，岩体处于岩性变形阶段。

3.3.2.4 模拟结果分析

将数值模拟结果分为硬厚关键层下位岩体内离层裂隙发育及关键层底部离层裂隙发育两部分，如图 3-22 和图 3-23 所示。

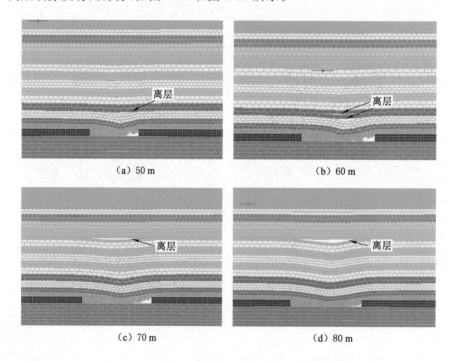

图 3-22   硬厚关键层下方岩体离层裂隙发育情况

工作面开切眼之后，随着开采范围的增大，采空区直接顶逐渐垮落。工作面推进到 40 m 时，下位基本顶出现垮落。工作面推进到 50 m 时，上位基本顶发生垮落下沉，并且垮落的岩体相互作用形成铰接结构，在铰接岩体的上方形成离层裂隙，如图 3-22(a)所示。随着工作面继续推进，基本顶出现周期破断，上位基本顶上方离层裂隙进一步发育扩大，并且更高位岩层出现弯曲下沉，其上方出现离层裂隙，如图 3-22(b)所示。当工作面推进到 70 m 时，更高

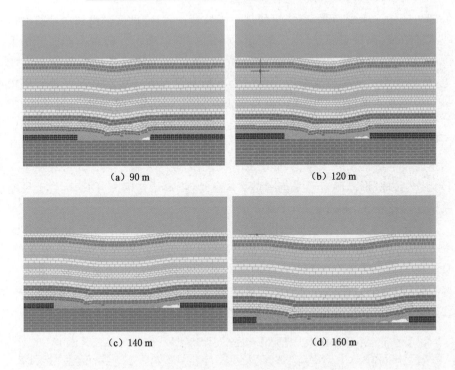

（a）90 m　　　　　　　　　　（b）120 m

（c）140 m　　　　　　　　　　（d）160 m

图 3-23　硬厚关键层底部离层裂隙发育情况

位多层岩层以成组的形式断裂下沉,基本顶上方离层裂隙被压实,离层裂隙迅速发育到断裂岩层组上方,如图 3-22(c)所示。随着工作面开采范围扩大,采空区矸石被逐渐被压实,上覆断裂岩体下沉量进一步增大,离层空间不断扩大,并且离层裂隙形态由最初的"线"形转化为"倒三角"形,如图 3-22(d)所示。

　　由上述分析可知,工作面开采过程中,高位硬厚关键层下位岩体中离层裂隙随着上覆岩层垮落下沉逐渐发育→扩大→闭合。由于采空区上覆岩层垮落运动并不是逐层向上发展,而是以亚关键层及上覆软弱岩层为组合体向上成组垮落,所以离层裂隙在厚度方向上呈跳跃式发展。离层裂隙的形态一般由发育初期的"线"形逐渐扩展为"倒三角"形,并且由于下位岩层初次破断跨度较小,所以下位岩体中的离层裂隙持续时间一般较短。

　　工作面推进到 90 m 时,高位硬厚关键层底部岩层发生弯曲下沉,离层裂隙发育到硬厚关键层底部。由于离层空间高度较小,在走向上呈"线"形,如图 3-23(a)所示。随着工作面继续推进,工作面推进到 120 m 时,硬厚关键层底部岩层弯曲断裂垮落,离层空间进一步发育扩大,空间底部由初次垮落的两块岩体组成,离层裂隙呈"倒三角"形,如图 3-23(b)所示。随着工作面开采范围不断扩大,上覆岩层进入周期破断阶段,采空区上覆岩层垮落范围逐渐增大,硬厚关键层底部离层裂隙在走向上不断发育扩大。离层空间底部岩层由最初的两块岩体逐步增加到多块岩体,离层裂隙形态由"倒三角"形转化为"类弧"形,如图 3-23(c)所示。随着采空区上覆岩层垮落继续扩大,采空区中部已垮落岩体逐渐压实,硬厚关键层底部岩层进入周期垮落循环阶段。前期周期垮落岩体下沉运动趋于停止,形成水平铰接体,硬厚关键层底部离层裂隙形态转化为"盆地"形。随着开采范围增大,"盆地"形离层空间充分发育,直至硬厚关键层垮落压实,如图 3-23(d)所示。

如图 3-24 所示,工作面推进到 200 m 时,硬厚关键层下方已垮落岩体充分下沉压实,其底部离层裂隙充分发育,而硬厚关键层上方无离层裂隙发育,且岩层沉降不明显。当工作面推进到 260 m 时,高位硬厚关键层发生破断垮落,关键层及上方软弱岩层整体性发生垮落下沉,下沉盆地迅速发育到地表,软弱岩层下沉过程中也未出现明显的离层现象,如图 3-25 所示。

图 3-24　硬厚关键层初次破断前结构图(推进 200 m)

综上所述,工作面开采过程中,伴随着采空区上覆岩层垮落运动,离层裂隙经历产生→发育→闭合三个过程。离层裂隙在覆岩厚度方向上不是逐层向上发育,而是随着岩层成组运动呈跳跃式发育,如图 3-26 所示。当上覆岩层

图 3-25　硬厚关键层初次破断后结构图（推进 260 m）

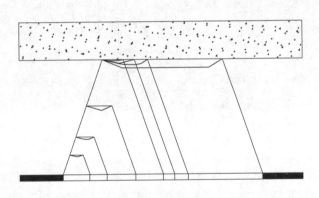

图 3-26　硬厚关键层下离层裂隙发育过程

中存在硬厚关键层时,离层裂隙发育高度止于关键层底部,并且随着工作面开采范围逐渐增大,离层裂隙充分发育。硬厚关键层破断垮落后,离层裂隙迅速被压实,而上位岩层垮落下沉时未出现离层裂隙发育。由此说明,高位硬厚关键层的存在对离层裂隙厚度方向的发育具有很好的屏蔽作用,离层裂隙在水平方向充分发育。在离层的整个发育过程中,离层形态由最初的"线"形转化为"倒三角"形,随着离层空间扩大,离层裂隙又转化为"类弧"形,最终以"盆地"形充分发育。离层盆地的充分发育为离层水和离层瓦斯的形成提供了有利条件,硬厚关键层破断时的高压冲击易诱发离层水突涌和离层瓦斯喷出等动力灾害。

3.3.3 覆岩离层裂隙空间形态特征及空间体积计算

3.3.3.1 硬厚关键层底部离层裂隙空间形态

通过对倾向模型进行一次开挖 180 m,运算平衡后得到硬厚关键层底部倾向离层裂隙发育图,如图 3-27 所示。从图中可以看出,工作面倾斜方向上,硬厚关键层下方岩体充分垮落下沉后同样形成"盆地"状离层空间。

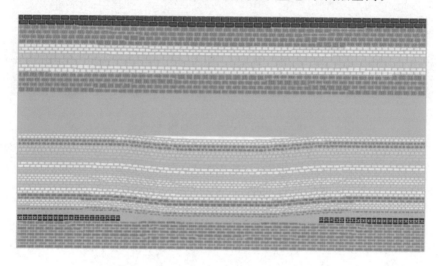

图 3-27　硬厚关键层底部倾向离层裂隙发育图

综合硬厚关键层底部离层裂隙走向和倾向充分发育形态可知,当硬厚关键层位于裂隙带时,其初次破断前离层裂隙空间上呈"盆地"状凹结构体,如图 3-28 所示。

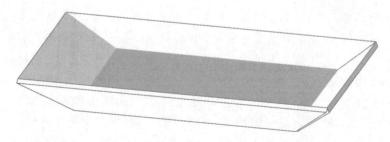

图 3-28　硬厚关键层底部离层裂隙空间形态

离层空间结构体特征可以简化为:四周分别由破断垮落岩体形成的倾斜边,在走向方向一端是岩层初次破断跨度的一半岩体,另一端为岩层周期破断的岩体,在倾斜方向两侧分别是岩层"O-X"形破断的侧向类三角断块;离层空间底部岩体已近似水平状态,因此可将其视为平底状。所以,一般对于首采工作面的四边固支边界条件岩层来说,硬厚关键层下位离层空间呈倾向对称而走向非对称的"盆地"状凹结构体。

3.3.3.2　硬厚关键层底部离层空间体积计算

由于硬厚关键层底部离层裂隙充分发育,根据概率积分法[154],下位垮落岩层的最大下沉高度为:

$$\Delta h = m\zeta \tag{3-10}$$

式中　m——工作面开采高度,m;

　　　ζ——充分采动时岩层下沉系数,走向长壁或者倾斜长壁全部冒落采煤法为 0.6～0.95,一般 0.7 左右。

以四边固支状态硬厚关键层底部离层裂隙空间形态为例进行空间体积计算,以硬厚关键层弯曲前底部平面为基准面建立三维空间坐标系,如图 3-29所示。其中,x 为工作面走向方向;a 为硬厚关键层走向悬露长度,m;y 为工作面倾斜方向;b 为硬厚关键层倾向悬露长度,m;z 为岩层厚度方向,向下为正。

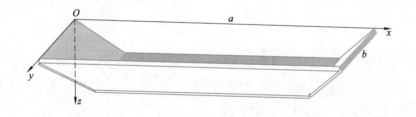

图 3-29　离层空间体积计算模型

如图 3-29 所示,可以将离层空间体积 V 分为五部分:① 初次断裂岩体三角区域体积 V_1;② 周期断裂岩体三角区域体积 V_2;③ 采空区两侧断块三角区域体积 V_3;④ 中部水平区域体积 V_4;⑤ 硬厚关键层弯曲下沉消耗掉的体积 V_5。

(1) 初次断裂岩体三角区域体积 V_1 和周期断裂岩体三角区域体积 V_2

沿离层空间坐标系 xOz 平面作一截面,可得到如图 3-30 所示的坐标系。

其中，w 为硬厚关键层挠度曲线，w_1 为初次破断岩体 OC 下沉曲线，w_2 为周期破断岩体 DE 下沉曲线。

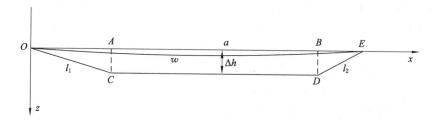

图 3-30　走向纵剖面坐标系

经计算可得：

$$w_1 = \frac{m\zeta}{\sqrt{l_1^2 - m^2\zeta^2}}x \tag{3-11}$$

$$w_2 = -\frac{m\zeta}{\sqrt{l_2^2 - m^2\zeta^2}}(x-a) \tag{3-12}$$

式中　l_1——初次断裂岩体长度，m；

　　　l_2——周期断裂岩体长度，m。

则：

$$V_1 = \int_0^{\sqrt{l_1^2 - m^2\zeta^2}} \int_0^b w_1 \,\mathrm{d}x\mathrm{d}y \tag{3-13}$$

$$V_2 = \int_{a-\sqrt{l_2^2 - m^2\zeta^2}}^a \int_0^b w_2 \,\mathrm{d}x\mathrm{d}y \tag{3-14}$$

将式(3-11)代入式(3-13)可得：

$$V_1 = \frac{1}{2}m\zeta b\sqrt{l_1^2 - m^2\zeta^2} \tag{3-15}$$

将式(3-12)代入式(3-14)可得：

$$V_2 = \frac{1}{2}m\zeta b\sqrt{l_2^2 - m^2\zeta^2} \tag{3-16}$$

（2）采空区两侧断块三角区域体积 V_3

沿离层空间坐标系 yOz 平面作一截面，可得到如图 3-31 所示的坐标系。其中，w 为硬厚关键挠度曲线，由于四边固支破断形状对称，所以 w_3 为采空区两侧三角断块长度 OC' 和 $D'E'$ 下沉曲线。

经计算可得：

$$w_3 = \frac{m\zeta}{\sqrt{l_3^2 - m^2\zeta^2}}y \tag{3-17}$$

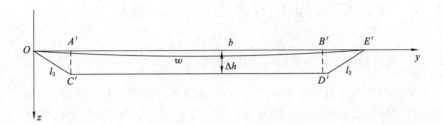

图 3-31　倾向纵剖面坐标系

式中　l_3——四边固支硬厚关键层"O-X"形破断侧向三角块宽度,m。

则:

$$V_3 = \int_{\sqrt{l_1^2 - m^2\zeta^2}}^{a - \sqrt{l_2^2 - m^2\zeta^2}} \int_0^b w_3 \mathrm{d}x\mathrm{d}y \tag{3-18}$$

将式(3-17)代入式(3-18)可得:

$$V_3 = \frac{1}{2}m\zeta(a - \sqrt{l_2^2 - m^2\zeta^2} - \sqrt{l_1^2 - m^2\zeta^2})\sqrt{l_3^2 - m^2\zeta^2} \tag{3-19}$$

(3) 中部水平区域体积 V_4

根据平面区域的特征可求得其体积计算式为:

$$V_4 = \frac{1}{2}m\zeta(a - \sqrt{l_2^2 - m^2\zeta^2} - \sqrt{l_1^2 - m^2\zeta^2})(b - 2\sqrt{l_3^2 - m^2\zeta^2})$$

$$\tag{3-20}$$

(4) 硬厚关键层弯曲下沉消耗掉的体积 V_5

$$V_5 = \int_0^a \int_0^b w \mathrm{d}x\mathrm{d}y \tag{3-21}$$

将式(2-28)代入式(3-21)可得:

$$V_5 = \frac{1}{4}(A_{11} + A_{12} + A_{21} + A_{22})ab \tag{3-22}$$

其中,A_{11}、A_{12}、A_{21} 和 A_{22} 见式(2-30)~式(2-34)。

综合上述分析,硬厚关键层底部离层空间体积 V 为:

$$V = V_1 + V_2 + 2V_3 + V_4 - V_5 \tag{3-23}$$

其他边界条件硬厚关键层底部离层空间体积计算同样可利用类似方法进行推导,离层空间体积计算公式可为硬厚关键层下离层水量和离层注浆量的估算提供理论依据。

3.4 含高位硬厚关键层覆岩结构演化变异特征

3.4.1 无硬厚关键层覆岩结构演化规律

通过降低原模型中硬厚岩层的强度,使数值模型中不存在坚硬关键层,模拟分析无坚硬关键层时工作面开采后采空区上覆岩层覆岩结构演化规律。

图 3-32 为工作面上覆岩层中不存在坚硬关键层时覆岩结构演化图。从图中可以看出,工作面开采初期,随着开采范围的增大,采空区上覆岩层垮落运动逐渐向上发展,离层裂隙也随之向上发育,如图 3-32(a)和(b)所示。工作面推进到 80 m 时,离层裂隙继续向上发育到较厚软弱岩层下方,如图 3-32(c)所示。从上覆岩层垮落形态特征及离层裂隙发育规律上来看,工作面开采初期,与上覆硬厚关键层情况时无差别。但工作面推进到 100 m 时,厚软弱岩层发生弯曲下沉,离层裂隙开始出现闭合,如图 3-32(d)所示。随着工作面继续推进,厚软弱岩层垮落失稳,离层裂隙完全被压实,并且上覆岩层整体发生弯曲下沉,如图 3-32(e)所示。随着开采范围继续扩大,采空区上覆岩层随采随垮,垮落运动在走向上随工作面推进向前不断发展。

上述分析表明,上覆岩层无坚硬关键层时,工作面开采后,上覆岩层随采随垮,基本上不能形成稳定的覆岩空间承载结构。离层裂隙随着工作面推进逐渐向上发育,并且从产生到闭合持续时间较短,不会被阻隔在某一岩层下充分发育。上覆岩层的弯曲下沉运动基本上随着工作面开采向上连续发展,未出现间隔停滞而产生突变性发展。

3.4.2 上覆高位硬厚关键层覆岩结构变异特征

本章通过工作面上方赋存硬厚关键层的相似材料模拟试验和数值模拟试验以及无坚硬关键层条件覆岩结构演化的数值模拟试验,进行对比分析,可发现工作面上覆高位硬厚关键层时,随着工作面开采,采空区上覆岩层覆岩结构演化具有显著的变异特征,现归纳总结如下:

(1) 工作面上覆岩层中存在硬厚岩层时,由于硬厚岩层具有强度高、完整性好及厚度大的特点,其初次破断跨度较大。工作面开采之后,硬厚岩层一般作为主关键层承载上方岩层的重量,并与下位采空区四周未破断岩体相互作用,形成稳定的覆岩空间承载结构。当上覆岩层中赋存一层硬厚关键层时,关键层初次破断前易形成"梯"形覆岩结构,关键层周期破断阶段易形成"Γ"形覆

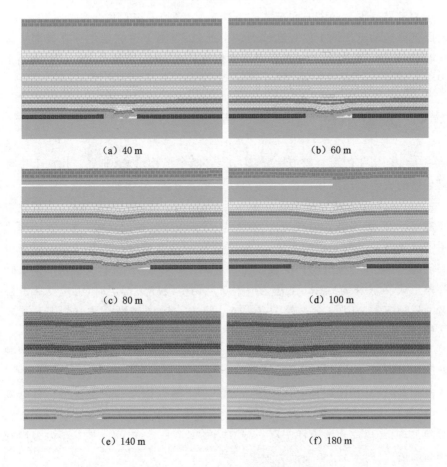

图 3-32　无坚硬关键层覆岩结构演化图

岩结构；上覆岩层中赋存两层硬厚关键层时，下位亚关键层破断后形成"梯-Γ"复合型覆岩结构，上位主关键层破断后形成"F"形覆岩结构。

（2）工作面上覆岩层中存在硬厚关键层时，随着工作面开采，离层裂隙逐渐向上发育并止于硬厚关键层底部。离层裂隙在硬厚关键层底部充分发育，从产生到闭合，其走向形态依次经历"线"形、"倒三角"形和"类弧"形，最终发育成"盆地"状凹结构体。离层裂隙的充分发育为水和瓦斯的聚积提供了有利空间，易形成离层水或离层瓦斯。硬厚关键层一旦垮落失稳，极易诱发离层水突涌和离层瓦斯喷出等强动力灾害。

（3）由于硬厚关键层对离层裂隙的向上发育具有很好的屏蔽作用，并且其初次破断跨度较大，所以，工作面开采后，上覆岩层的沉降运动常常停滞于硬厚关键层底部。随着开采范围的不断扩大,硬厚关键层发生破断失稳,上覆岩层沉降运动迅速向上发育到地表。由此说明,当上覆岩层中存在硬厚关键层时,岩层的沉降运动会出现长时间的停滞现象,并随着硬厚关键层的破断呈现突变性发展。

3.5　本章小结

　　本章利用相似材料模拟试验和 UDEC 数值模拟试验,研究工作面上覆硬厚岩层的覆岩结构演化规律,通过对试验结果分析,得到如下结论:

　　(1) 工作面上覆岩层中赋存硬厚岩层时,由于硬厚岩层强度高、厚度大以及完整性好,极限悬露面积较大,在上覆岩层垮落运动过程中,硬厚岩层作为关键层承载着上方岩层的重量,易形成稳定的承载结构。上覆岩层中赋存单层硬厚关键层时,关键层初次破断前易形成"梯"形覆岩结构,关键层周期破断阶段形成"Γ"形覆岩结构;上覆岩层中赋存两层硬厚关键层时,下位亚关键层破断后形成"梯-Γ"复合型覆岩结构,上位主关键层破断后形成"F"形覆岩结构。

　　(2) 工作面上覆岩层中存在硬厚关键层时,随着工作面开采,离层裂隙逐渐向上发育并止于硬厚关键层底部。离层裂隙在硬厚关键层底部充分发育,从产生到闭合,其走向形态依次经历"线"形、"倒三角"形和"类弧"形,最终发育成"盆地"状凹结构体。离层裂隙的充分发育为水和瓦斯的聚积提供了有利空间,易形成离层水或离层瓦斯。硬厚关键层一旦垮落失稳,极易诱发离层水突涌和离层瓦斯喷出等强动力灾害。

　　(3) 以首采工作面四边固支状态硬厚岩层为例,将离层裂隙简化为四周为倾斜边、中部为水平面的"盆地"状凹结构体,并建立离层空间结构模型,推导出四边固支条件的离层空间体积计算表达式。

　　(4) 当上覆岩层中存在硬厚关键层时,岩层的垮落沉降运动会出现长时间的停滞现象,并随着硬厚关键层的破断呈现突变性发展。

第4章　上覆高位硬厚关键层采动应力分布规律及变异特征

　　井下采掘工程活动破坏了采场围岩的原始应力平衡状态,引起围岩应力的重新分布。重新分布后的应力如果超过煤岩体的极限强度,则必然引起地下岩体结构不同程度的破坏,并引起一系列强烈的矿压显现现象,对矿井生产带来重要影响,如煤壁片帮、底板鼓起、直接顶破坏加剧、巷道变形、支架动载、冲击地压、煤与瓦斯突出等动力灾害[155]。由第3章工作面上覆高位硬厚关键层覆岩空间结构演化规律可知,工作面上方赋存一层或多层硬厚岩层时,由于硬厚岩层厚度大、强度高、完整性好,承载能力较强,初次或周期破断前悬跨度较大,硬厚岩层作为关键层与上位较软弱岩层易形成稳定的“梯”形、“Γ”形、“梯-Γ”复合型和“F”形覆岩空间承载结构。采空区硬厚关键层与上方承载的软弱岩层重量通过空间结构下位岩体传递到工作面煤层,导致工作面采场围岩应力异常增大,覆岩空间结构发生结构性失稳时往往引起采场围岩应力突变,极易诱发冲击地压、支架动载以及煤与瓦斯突出等强动力灾害。本章利用三维有限差分软件 FLAC 3D 建立上覆高位硬厚关键层数值计算模型,研究上覆高位硬厚关键层采动应力分布规律及其变异特征,对工作面动力灾害防治具有重要的指导意义。

4.1　上覆硬厚关键层对采动应力作用机理

　　在煤层或岩层中开掘巷道和进行回采工作破坏了原始应力的平衡状态,引起围岩应力重新分布。重新分布于围岩各个层面边界上的应力及上覆岩层中各点的应力称为采动应力。作用在采场煤层、岩层和矸石上的垂直采动应力又称为支承压力,其分布范围包括高于和低于原岩应力的整个区域[4]。

4.1.1　采场围岩支承压力分布形态

　　在单一重力场作用的条件下,采场周围煤体和岩体上的支承压力主要来源于上覆岩层重量。自开切眼后,随着煤层开采范围的增大,在采空区四周煤体以及采空区将形成支承压力分布。分布于工作面前方高于原岩应力的支承压力称为超前支承压力,分布于工作面后方采空区低于原岩应力的称为后支承压力。沿工作面走向方向作一剖面,如图 4-1 所示。将工作面前后方分为五个区域:Ⅰ为工作面前方应力变化区;Ⅱ为工作面支架控顶区;Ⅲ为采空区垮落矸石松散区;Ⅳ为采空区垮落矸石逐渐压实区;Ⅴ为采空区垮落矸石压实区。根据工作面支承压力在这五个区域的大小及分布形态不同,将支承压力分为四个部分:A 为未受采动影响的原岩应力区;B 为采动影响应力增高区;C 为采空区应力降低区;D 为采空区应力稳定区。

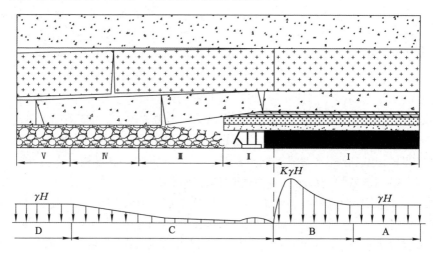

图 4-1　工作面前后方支承压力分布形态

同样,将分布在采空区两侧实体煤或煤柱上的支承压力称为侧向支承压力。沿采空区倾向作一剖面,如图 4-2 所示。图中为两个相邻采空区,左侧为采动实体煤,采空区中间为工作面煤柱。其中,A 为未受采动影响原岩应力区;B_1 为工作面采动影响应力增高区;B_2 为两工作面叠加支承压力区;C 为采空区应力降低区[156]。

4.1.2　上覆硬厚关键层对采动应力作用机理

由相似材料模拟试验可知,随着工作面开采范围的不断增大,采空区上覆岩层逐渐垮落。根据工作面上覆岩层断裂边缘特点,上覆岩层破断垮落后,在采空区四周会形成偏向采空区的断裂迹线,使得工作面上覆岩层形成"倒三

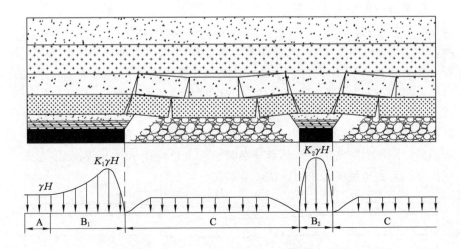

图 4-2　工作面侧向支承压力分布形态[77]

角"形的悬臂岩体,其剖面图如图 4-3 所示。当采空区上覆岩层弯曲垮落发育到硬厚岩层底部时,离层裂隙充分发育,高位硬厚岩层大面积悬露,并与下方采空区四周未破断岩体形成稳定的"梯"形覆岩空间承载结构。硬厚岩层作为关键层承担着上方局部或全部岩层的载荷重量,并通过"梯"形覆岩空间结构的四周结构体传递至工作面煤体,与煤体原岩应力相互叠加形成应力集中,称为采场支承压力。

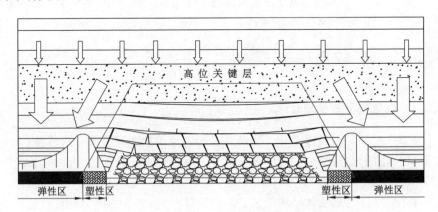

图 4-3　高位硬厚岩层破断前采动应力力学模型

随着高位硬厚关键层悬跨尺寸的增大，硬厚岩层达到极限跨度而发生破断垮落，"梯"形覆岩空间结构发生结构性失稳，硬厚关键层上方较软弱岩层也随之发生整体性弯曲下沉，此时工作面由"梯"形覆岩空间结构转化为"Γ"形覆岩空间结构，如图4-4所示。破断后的高位硬厚主关键层由采空区下方已垮落岩体和"Γ"形结构下方未破断"倒三角"形岩体共同承担。此时，采场支承压力由原岩应力、"Γ"形覆岩结构承载重量、下方未破断"倒三角"形岩体载荷、已破断硬厚岩层及其上方岩层传递过来的部分载荷等四部分组成。由于破断后的硬厚岩层及上方岩体部分载荷由下方已垮落岩体承载，所以硬厚关键层破断后的采场支承压力峰值比破断前小。

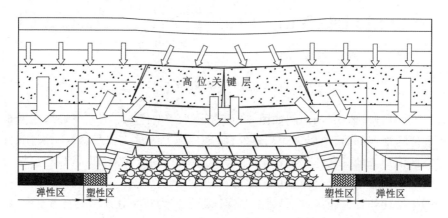

图 4-4　高位硬厚岩层破断后采动应力力学模型

4.2　三维数值模型建立

4.2.1　有限差分软件简介

FLAC 3D 是由美国 Itasca 公司开发的快速拉格朗日差分分析软件，采用了显式拉格朗日算法和混合-离散分区技术，是针对岩体开挖、边坡分析及压缩等岩土工程问题的分析程序。

FLAC 3D 是将实体结构分成若干六面体单元，再设定应力和位移边界条件，使得单元体符合指定的线性和非线性本构关系，单元体材料受到外力作用后产生塑性流动，网格也随之发生相应的变形和位移，具有计算岩体开挖后的模型各节点应力大小和变形位移、模拟围岩变形的功能，可以很好地模拟地下岩体开挖、边坡滑动或其他材料机构的三维结构力学特征,特别是在材料的黏-弹-塑性分析、大变形分析及模拟施工过程等领域有其独到的优点。

FLAC 3D 具有强大的前后处理功能,内嵌有自动三维网格生成器,内部定义了多种基本的单元形状,还可以利用 FISH 语言自定义单元形状,并通过基本单元的组合生成非常复杂的三维网格。在模型计算过程中,可以随时用分辨率的彩色或灰度图或数据文件输出结果,以对结果进行实时分析,可以表示网格、结构以及有关变量的等值线图、矢量图和曲线图等[106,157-163]。

4.2.2　模型的建立

以杨柳煤矿 10414 和 10416 工作面采动和地质条件为参考依据,结合相似材料模拟试验和研究的问题建立三维数值模型,如图 4-5 所示。模型走向长 800 m,倾向宽 450 m,多工作面开采时倾向宽度取 780 m,其中煤柱宽 5 m;实际开挖长 600 m,工作面倾向长 190 m;为了消除边界效应,模型走向两侧各留 100 m 边界煤柱,倾向各留 130 m 边界煤柱。煤层厚 6 m,模拟采深 600 m。模型四周侧面施加梯度应力边界和位移限定边界;模型底部施加位移限定边界;模型顶部施加应力边界,同样用以模拟上部省略岩层的载荷重量。

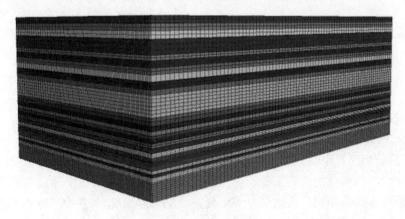

图 4-5　三维数值模型

4.2.3　试验模拟方案

本章主要研究赋存单层或两层硬厚岩层对工作面开采采动应力的影响。根据硬厚岩层的不同几何参数和赋存参数共制定四种模拟方案:

（1）硬厚关键层不同岩层厚度对采动应力的影响。模拟硬厚岩层与煤层间距为 80 m,硬厚岩层厚度分别为 20 m、30 m、40 m、50 m、60 m 和 70 m,利用模拟结果对比分析这五种条件下工作面开采采动应力变化情况。

（2）硬厚关键层不同赋存高度对采动应力的影响。模拟硬厚岩层厚度为 50 m,与煤层间距分别为 60 m、70 m、80 m、90 m 和 100 m,利用模拟结果对比分析这五种条件下工作面开采采动应力变化情况。

（3）针对工作面上覆两层硬厚岩浆岩情况,建立硬厚岩层等厚度、不同岩层间距的三维数值模型。取两层硬厚岩层厚度为 40 m,下位硬厚岩层与煤层间距为 80 m,硬厚岩层层间距分别为 20 m、40 m、60 m 和 80 m,利用模拟结果分析硬厚岩层层间距变化对采动应力的影响。

（4）针对鲍店、华丰煤矿等高位巨厚岩层开采多个工作面时才发生破断失稳的特殊情况,选取硬厚关键层为 150 m,赋存高度为 80 m,模拟多工作面开采时巨厚岩层对不同开采阶段采动应力的影响。

4.2.4 模型岩层参数及本构模型选择

FLAC 3D 三维数值模型参数选择依照第 3 章 3.3.2 节 UDEC 数值模型岩石力学参数,见表 3-3。本构模型同样选择摩尔-库伦模型。

4.3 高位硬厚关键层下采动应力分布规律

4.3.1 单层硬厚关键层不同厚度采动应力分布特征

根据不同厚度硬厚关键层对超前支承压力模拟方案,分别对上覆厚度为 20 m、30 m、40 m、50 m、60 m 和 70 m 硬厚关键层的情况进行了模拟分析。由于数值模型开采范围较大,设置 20 m 为一个开采步距,每开采一个步距平衡一次,工作面开挖直到上覆硬厚关键层破断为止。在模型中部沿工作面走向,分别在煤层和硬厚关键层底部设置一条应力监测线,将各个开挖步距监测线上支承压力值输出进行汇总分析。

由于开挖规模较大、数据量较多,文章仅对每一个开挖步距平衡后的工作面超前支承压力峰值和硬厚关键层底部支承压力峰值变化曲线进行分析,研究不同厚度硬厚关键层对采动应力的影响,如图 4-6、图 4-7 和图 4-8 所示。

通过对不同厚度硬厚关键层数值模型的计算分析可知,硬厚关键层厚度为 20 m 时,工作面开采初期超前支承压力峰值随着开采范围的增大迅速增大,与推进步距基本呈线性增长关系。随着工作面继续推进,工作面超前支承

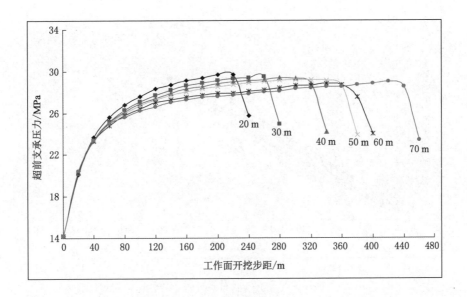

图 4-6　不同厚度硬厚关键层初次破断前后工作面超前支承压力峰值变化曲线

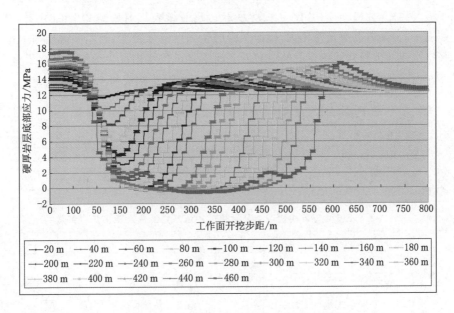

图 4-7　硬厚关键层底部支承压力变化曲线(岩层厚度 70 m)

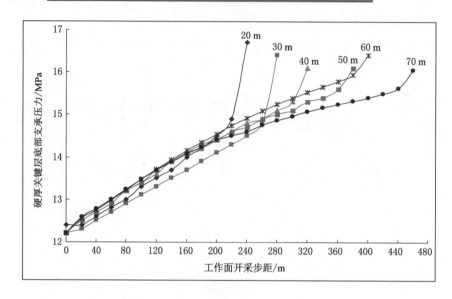

图 4-8　不同厚度硬厚关键层底部支承压力峰值变化曲线

压力增速趋于缓慢,如图 4-6 所示。当工作面推进到 220 m 时,超前支承压力趋于最大值 29.7 MPa,应力集中系数为 2.1,超前影响范围达到 216 m,见表 4-1和表 4-2。随着开采范围增大,硬厚关键层达到极限悬跨度,硬厚关键层与下位采空区四周破断岩体所组成的"梯"形空间覆岩承载结构发生结构性垮落失稳,工作面超前支承压力峰值迅速减小为 27.7 MPa,减小幅度为 6.7%。

表 4-1　硬厚关键层初次破断前超前支承压力峰值及影响范围

硬厚关键层厚度/m	20	30	40	50	60	70
支承压力最大值/MPa	29.7	29.5	29.5	29.2	28.8	29
最大影响范围/m	216	240	272	300	340	370

表 4-2　硬厚关键层初次破断前后超前支承压力峰值及应力集中系数

硬厚关键层厚度/m		20	30	40	50	60	70
破断前	支承压力/MPa	29.7	29.5	29.4	29.2	28.8	29
	应力集中系数	2.10	2.07	2.06	2.05	2.02	2.04
破断后	支承压力/MPa	27.7	25	24.2	23.9	24	23.4
	应力集中系数	1.81	1.75	1.7	1.67	1.68	1.64

当硬厚关键层厚度为 30 m 时,工作面开采初期超前支承压力峰值与推进步距基本上呈线性增长关系,如图 4-6 所示。随着工作面继续开采,超前支承压力峰值增速趋于缓和。工作面推进到 260 m 时,超前支承压力峰值趋于最大值 29.5 MPa,应力集中系数为 2.07,超前影响范围为 240 m,相对于硬厚关键层厚度为 20 m 时,超前影响范围增大了 24 m。随着工作面继续推进,硬厚关键层发生垮落失稳,工作面超前支承压力迅速减小为 25 MPa,减小幅度为 15.3%。

当硬厚关键层厚度大于 30 m 以后,工作面开采 220 m 之前,工作面开采初期超前支承压力峰值与推进步距同样呈线性关系。随着开采范围的增大,超前支承压力峰值增速逐渐趋于缓和。当工作面开采步距大于 220 m 以后,超前支承压力峰值基本趋于最大值,并在极限峰值附近出现小幅度波动。由图 4-6 可以看出,随着硬厚关键层厚度的增大,初次破断步距不断增大,工作面超前支承压力处于极限峰值状态的时间同样不断增大,且支承压力超前影响范围也相应增大,硬厚关键层为 70 m 时,超前影响范围达到了 370 m。但是,随厚度的增大,硬厚关键层初次破断前,工作面超前支承压力峰值逐渐降低,见表 4-1。当高位硬厚关键层达到极限悬跨尺寸,硬厚关键层及下位采空区四周未破断岩体组成的覆岩空间承载结构发生结构性垮落失稳时,工作面超前支承压力均出现迅速减小现象,减小幅度分别为 17.7%、18.1%、16.7% 和 19.3%,见表 4-2。

综合不同厚度硬厚关键层对超前支承压力影响的数值模拟结果分析可得:

(1) 当工作面上覆硬厚关键层时,工作面开采初期,超前支承压力峰值与工作面推进步距基本呈线性增长关系。随着工作面推进步距的增加,超前支承压力峰值增速逐渐趋于缓和。硬厚关键层破断前,工作面超前支承压力达到最大值;硬厚关键层破断后,超前支承压力峰值迅速降低。

(2) 工作面开采一定范围后,超前支承压力趋于极限峰值,并在极限峰值附近小幅波动;随着关键层厚度的增大,超前支承压力处于极限峰值的时间不断增大。

(3) 随着硬厚关键层厚度的增大,关键层破断前,超前支承压力极限峰值逐渐减小,但超前影响范围逐渐增大。结合第 1 章硬厚关键层弯曲的理论研究可知,随着硬厚关键层厚度的增大,承载能力不断增强,其弯曲挠度逐渐减小,对下位岩体的影响范围不断增大,同样下位岩体的承载范围也随之增大,从而降低了硬厚关键层弯曲下沉对下方岩体局部范围的影响。所以出现了随硬厚关键层厚度增大,超前支承压力峰值逐渐减小而影响范围逐渐增大的现象。

(4) 随着硬厚关键层厚度的增大,关键层破断后超前支承压力的峰值同样逐渐减小,但是硬厚关键层破断前后超前支承压力减小的幅度逐渐增大。该现象主要是由于硬厚关键层较薄时,关键层破断后易发生回转沉降,易形成传递力的铰接板结构,硬厚关键层一端由采空区已垮落岩石承担,另外一端由工作面上方未破断岩体承担,从而造成了破断后部分硬厚关键层及上方载荷在工作面前方形成应力集中;随着硬厚关键层厚度的增大,关键层破断前弯曲挠度较小,破断过程中易发生切断垮落,破断后的硬厚关键层与上方载荷全部压在了采空区已垮落岩体上,失去了与前方未破断岩体力的作用,使得工作面超前支承压力减小幅度增大。

对于硬厚关键层底部应力变化,以硬厚关键层厚度为 70 m 情况为例,如图 4-7 所示。自开切眼开始,随着工作面不断推进,采空区上覆岩层逐渐垮落下沉,采空区中部上方硬厚关键层底部应力不断减小。由于硬厚关键层与下位软弱岩层抗弯刚度差异较大,下方软弱岩层的弯曲挠度远远大于硬厚关键层,当上覆岩层垮落下沉运动发育到硬厚关键层底部时,下方较软弱岩体产生大挠度弯曲下沉,与硬厚关键层之间的作用力由压应力转变为拉应力。工作面开采初期,硬厚关键层底部应力降低区四周应力集中现象不明显。随着开采范围的增大,硬厚关键层底部应力降低区范围逐渐增大,四周支承压力峰值及影响范围同样也逐渐增大。但与工作面开采初期超前支承压力相比,硬厚关键层底部支承压力增速较小。图 4-8 所示为工作面中部沿走向不同厚度硬厚关键层底部支承压力变化曲线。由图中曲线可以看出,硬厚关键层底部支承压力随工作面不断开采逐渐增大,与工作面推进步距呈正线性关系。对于相同的开采步距,不同硬厚关键层底部支承压力基本相等,即相同深度条件下,支承压力大小仅与硬厚关键层底部悬露面积有关,而与硬厚关键层厚度变化无关。高位硬厚关键层达到极限悬跨度并发生垮落失稳后,关键层底部支承压力出现突然增大现象。关键层较薄时,支承压力突变现象及程度较为显著,随着关键层厚度增大,突变现象及程度变得缓和。

4.3.2　单层硬厚关键层不同层位采动应力分布特征

通过对硬厚关键层与煤层间距为 60 m、70 m、80 m、90 m 和 100 m 的模型进行数值计算,得到高位硬厚关键层不同赋存高度对工作面超前支承压力及底部支承压力的影响,其数值模拟结果如下:

图 4-9 所示为硬厚关键层与煤层不同间距工作面超前支承压力变化曲线。由图中曲线可以看出，当硬厚关键层与煤层间距为 60 m 时，工作面开采初期，随着工作面开采范围的不断扩大，超前支承压力峰值迅速增大，并且与工作面推进步距基本呈线性增长关系。随着工作面推进步距超过 40 m，超期支承压力增速逐渐趋于缓和。工作面推进到 280 m，超前支承压力趋于最大值 29.8 MPa，应力集中系数为 2.1，超前影响范围为 270 m，见表 4-3 和表 4-4。随着工作面继续推进，硬厚关键层达到极限悬跨度，硬厚关键层与采空区四周未破断岩体组成的覆岩空间承载结构发生结构性失稳，工作面超前支承压力峰值迅速降低，支承压力峰值降低为 24 MPa，应力集中系数为 1.69，减小幅度为 19.5%。

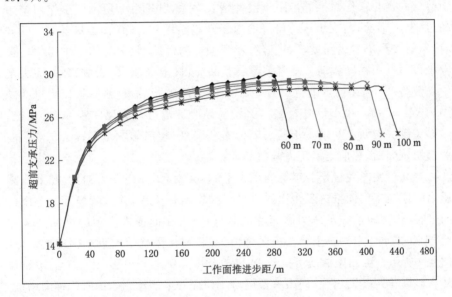

图 4-9　不同层位硬厚关键层超前支承压力峰值变化曲线

表 4-3　硬厚关键层初次破断前超前支承压力峰值及影响范围

硬厚关键层与煤层间距/m	60	70	80	90	100
支承压力最大值/MPa	29.8	29.3	29.2	28.9	28.5
最大影响范围/m	270	283	300	350	415

表 4-4　硬厚关键层初次破断前后超前支承压力峰值及应力集中系数

硬厚关键层与煤层间距/m		60	70	80	90	100
破断前	支承压力/MPa	29.8	29.3	29.2	28.9	28.5
	应力集中系数	2.1	2.06	2.05	2.04	2.01
破断后	支承压力/MPa	24	24.1	23.9	24.1	24.2
	应力集中系数	1.69	1.7	1.67	1.7	1.71

当硬厚关键层与煤层间距增大到 70 m 时,工作面开采初期,超前支承压力峰值同样与工作面推进步距呈线性增长关系,如图 4-9 所示。工作面推进超过 40 m 后,超前支承压力峰值增速逐渐趋于缓和;工作面推进达到 240 m 时,超前支承压力达到极限峰值,随着开采范围继续增大,超前支承压力在极限峰值附近小幅度波动。硬厚关键层破断前,极限峰值为 29.3 MPa,应力集中系数为 2.06,超前影响范围为 283 m;关键层破断后,超前支承压力迅速减小为 24.1 MPa,较小幅度为 17.7%。与硬厚关键层与煤层间距 60 m 相比,硬厚关键层破断前超前支承压力峰值有所降低,超前影响范围增大了 13 m;关键层破断后,超前支承压力峰值基本相同。

当高位硬厚关键层与煤层间距大于 70 m 后,工作面开采初期,超前支承压力峰值与工作面推进步距同样也呈正线性增长关系,并且随着开采范围的扩大,工作面超前支承压力增速逐渐降低;当工作面推进步距超过 240 m 以后,超前支承压力基本上趋于极限峰值,并且在极限峰值附近小幅度波动,如图 4-9 所示。由图中曲线可以看出,随着硬厚关键层与煤层间距增大,关键层初次破断步距不断增大,使得关键层对工作面开采活动影响的时间逐渐增加,造成工作面超前支承压力处于极限峰值状态的时间也相应地不断增加。但由于煤层埋藏深度不变,随着硬厚关键层与煤层间距的逐渐增大,关键层上方承载的软弱岩层厚度相对减小,即关键层承载的载荷减小,所以关键层及上覆岩层对工作面超前支承压力的影响越来越小,从而造成工作面超前支承压力极限峰值随着硬厚关键层与煤层间距的增大而逐渐减小,见表 4-2。但是,工作面超前支承压力的影响范围随着关键层与煤层间距的增大而逐渐增大,由赋存高度 80 m 时的 300 m 增加到 100 m 时的 415 m。硬厚关键层破断后,超前支承压力出现显著降低,降低幅度分别为 18.1%、16.6% 和 15.1%。由此可以看出,随着硬厚关键层与煤层间距的增大,关键层对工作面超前支承压力的影响越来越小。

综合高位硬厚关键层与煤层间距的不同对工作面超前支承压力影响的数值模拟结果分析可得：

（1）随着硬厚关键层与煤层间距的增大，关键层初次破断步距不断增大，其对工作面开采活动的影响时间逐渐增加，从而造成工作面超前支承压力处于极限峰值状态的时间也相应地不断增加。

（2）随着硬厚关键层与煤层间距的增大，关键层承担的上方载荷减小，使得硬厚关键层对工作面超前支承压力的影响越来越小。硬厚关键层初次破断前，工作面超前支承压力极限峰值随硬厚关键层层位的升高逐渐减小；硬厚岩层破断后，工作面超前支承压力突然减小。关键层破断后的超前支承压力峰值基本相等，与硬厚关键层层位的变化无关，但工作面超前支承压力突变程度随着硬厚关键层层位的升高而逐渐减小。

（3）随着硬厚关键层与煤层间距的增大，工作面超前支承压力影响范围逐渐增大。

图 4-10 所示为硬厚关键层与煤层不同间距关键层底部支承压力峰值随工作面开采的变化曲线。由图中曲线可以看出，随着开采范围的不断增大，硬厚关键层底部支承压力峰值与推进步距基本上呈正线性增长关系，直到硬厚

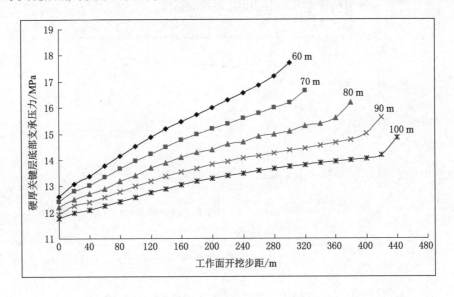

图 4-10 不同层位硬厚关键层底部支承压力峰值变化曲线

关键层破断前支承压力峰值达到最大值。由于硬厚关键层上覆载荷的减小，关键层破断前，工作面超前支承压力的极限峰值逐渐降低。由图 4-10 还可以看出，硬厚关键层破断后，关键层底部支承压力峰值突然增大，并且随着硬厚关键层与煤层间距的增大，支承压力峰值突然增大的程度有所增强，主要是由于随着硬厚关键层层位的增高，其上覆载荷逐渐减小。硬厚关键层破断过程中，其垮落破坏形式由切断垮落向回转垮落转变，使破断后的硬厚关键层块体之间相互作用，形成相互传递力的稳定铰接结构，并对下位未破断岩体产生作用力，造成硬厚关键层破断后其底部支承压力出现突然增大现象，此时容易诱发微震等动力灾害。

4.3.3 两层硬厚岩层不同岩层间距采动应力分布特征

根据杨柳煤矿地质柱状图可知，一些矿井煤层上覆岩层中不只一层硬厚关键层，当两层硬厚关键层间距不同时，往往带来不同的复合影响效应，并造成工作面支承压力分布的不同。通过建立两层硬厚关键层岩层间距分别为 20 m、40 m、60 m 和 80 m 的三维数值模型，模拟硬厚关键层不同岩层间距对采动应力的影响，模拟结果如下：

通过 FLAC 3D 对两层不同岩层间距硬厚关键层数值模拟分析，可得工作面超前支承压力峰值变化曲线，如图 4-11 所示。

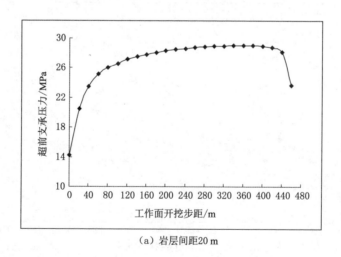

(a) 岩层间距20 m

图 4-11 两层不同间距硬厚关键层工作面超前支承压力峰值变化曲线

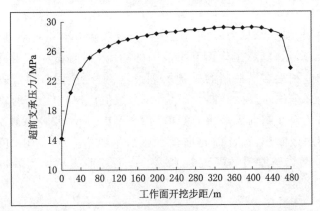

（b）岩层间距40 m

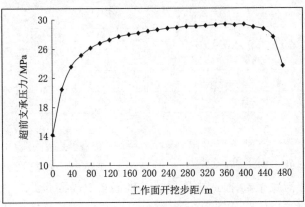

（c）岩层间距60 m

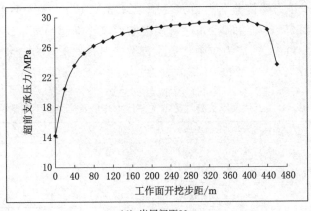

（d）岩层间距80 m

图 4-11　（续）

当两层硬厚关键层岩层间距为 20 m 时，工作面开采初期，与单层硬厚关键层一样，超前支承压力峰值与工作面开挖步距基本呈正线性增长关系，如图 4-11(a)所示；随着工作面开采范围的增大，超前支承压力峰值增速逐渐趋于缓和。利用岩层控制的关键层理论计算分析可知，两层硬厚关键层随着工作面开采同时发生破断。于是，根据数值模拟软件监测数据，硬厚关键层破断前工作面超前支承压力峰值为 29 MPa，应力集中系数为 2.04；两层硬厚关键层破断后，工作面超前支承压力峰值为 23.6 MPa，应力集中系数为 1.66。两层硬厚关键层破断前后工作面超前支承压力峰值减小幅度为 18.6%，见表 4-5。

表 4-5　两层硬厚关键层初次破断前后超前支承压力峰值及应力集中系数

两层硬厚关键层间距/m		20	40	60	80
破断前	支承压力/MPa	29	29.2	29.3	29.5
	应力集中系数	2.04	2.05	2.06	2.07
破断后	支承压力/MPa	23.6	23.7	23.7	23.7
	应力集中系数	1.66	1.66	1.66	1.66

由图 4-11(a)～(d)可以看出，随着两层硬厚关键层层间距的增大，虽然上位硬厚关键层的上覆载荷逐渐减小，但是两层硬厚岩层的复合效应随着层间距的增大而逐渐减小，从而造成硬厚主关键层初次破断步距变化不大。当两层硬厚关键层岩层间距分别为 40 m、60 m 和 80 m 时，关键层初次破断前工作面超前支承压力峰值分别为 29.2 MPa、29.3 MPa 和 29.5 MPa，应力集中系数分别为 2.05、2.06 和 2.07；关键层破断后工作面超前支承压力分别减小为 23.7、23.7 和 23.7，应力集中系数全部为 1.66；支承压力破断前后减小幅度分别为 18.8%、19.1% 和 19.7%，见表 4-6。

表 4-6　上位硬厚关键层底部支承压力峰值及应力集中系数

两层硬厚关键层间距/m		20	40	60	80
破断前	支承压力/MPa	12.3	11.9	11.4	10.1
	应力集中系数	1.15	1.17	1.18	1.08
破断后	支承压力/MPa	14.6	14	13.1	12.3
	应力集中系数	1.37	1.37	1.36	1.38

综合上述数值模拟结果分析可知：

（1）随着两层硬厚关键层岩层间距的增大，虽然上位硬厚关键层上方载荷逐渐减小，但随着两关键层间软弱岩层的厚度增加，两层硬厚关键层复合效应逐渐减弱，使得硬厚关键层初次破断步距变化不大。

（2）随着两层硬厚关键层岩层间距的增大，下位关键层上方软弱岩层的载荷逐渐增大，两层硬厚岩浆岩复合效应逐渐减弱，使得硬厚关键层破断前工作面超前支承压力峰值逐渐增大，但增大程度不是很明显；硬厚关键层破断后，工作面超前支承压力峰值基本相等，但支承压力减小幅度逐渐增大。

根据数值模拟结果，随着工作面推进，上位硬厚关键层底部支承压力峰值变化差异不大，以两层硬厚关键层岩层间距 80 m 为例（图 4-12），随着工作面开采范围的不断扩大，硬厚关键层初次破断前，其底部支承压力峰值增大程度不明显，仅当硬厚关键层破断后，关键层底部支承压力峰值出现突然增大现象。

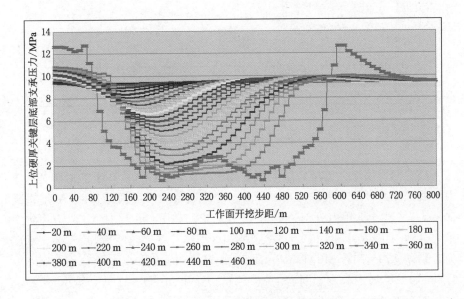

图 4-12　上位硬厚关键层底部支承压力变化曲线（岩层间距为 80 m）

在上位硬厚关键层底部沿中线布置应力监测线，记录硬厚关键层底部支承压力变化情况，得到支承压力峰值变化曲线，如图 4-13 所示。当两层硬厚关键层岩层间距为 20 m 时，随着工作面开采范围的增大，关键层底部支承压力峰值与工作面开采步距基本上呈正线性增长关系。硬厚关键层初次破断前,其底部支承压力峰值达到最大,最大值为 12.3 MPa,应力集中系数为 1.15;硬厚关键层破断后,支承压力突然增大,峰值为 14.6 MPa,应力集中系数为 1.37,支承压力增大幅度为 18.9%。

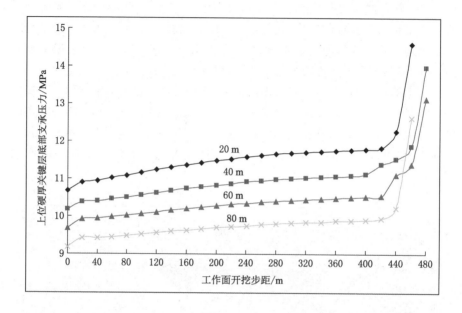

图 4-13　上位硬厚关键层底部支承压力峰值变化曲线

随着两层硬厚关键层岩层间距的逐渐增大,上位硬厚关键层底部支承压力随着工作面开采增大趋势基本一致。硬厚关键层岩层间距从 40 m 增大到 80 m,其底部支承压力分别为 11.98 MPa、11.4 MPa 和 9.94 MPa,应力集中系数分别为 1.17、1.18 和 1.08,见表 4-6。硬厚关键层破断后,其底部支承压力分别增大 14 MPa、13.1 MPa 和 12.6 MPa,应力集中系数分别为 1.37、1.36 和 1.38,增大幅度分别为 17.6%、14.9% 和 21.8%。

综合上述数值模拟结果分析可知:

(1) 随着两层硬厚关键层岩层间距的增大,上位硬厚关键层初次破断前,其底部支承压力峰值随工作面开采步距基本呈线性增长关系,但由于下位硬厚关键层的支承作用,应力增长幅度不明显,并随着两硬厚关键层层间距的增大,应力增长幅度逐渐减小。

(2) 随着两层硬厚关键层岩层间距的增大,上位硬厚关键层上覆载荷逐渐减小,初次破断前后的支承压力峰值随之逐渐减小,但硬厚岩层破断后的应力集中程度基本上变化不大。

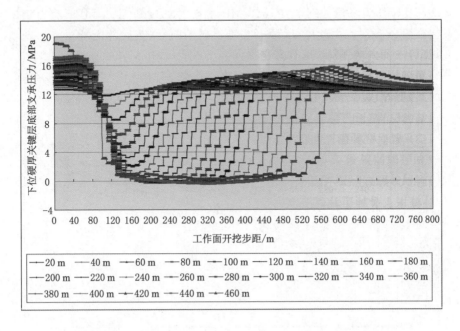

图 4-14　下位硬厚关键层底部支承压力变化曲线(岩层间距为 80 m)

图 4-14 所示为两层硬厚关键层岩层间距为 80 m 时,随着工作面开采,下位硬厚关键层底部支承压力峰值变化曲线。由图中曲线可以看出,和单层硬厚关键层一样,随着工作面的开采,关键层底部支承压力与开采步距呈正线性增长关系。与上位硬厚关键层底部支承压力峰值变化情况相比,下位硬厚关键层底部支承压力峰值随工作面开采出现明显的增大现象,但在硬厚关键层破断后支承压力并未出现显著的剧增现象。

图 4-15 所示为下位硬厚关键层底部支承压力峰值变化曲线。由图中曲线可以看出,随着工作面不断推进,下位硬厚关键层底部支承压力峰值随推进步距呈正线性增长关系,但和上位硬厚关键层底部支承压力峰值变化规律相比,下位硬厚关键层随工作面开挖出现明显增大趋势。当两层硬厚关键层间距为 20 m 时,硬厚关键层初次破断前,其底部支承压力峰值为 15.6 MPa,应力集中系数为 1.28;初次破断后,硬厚岩层底部支承压力峰值增大到 16.1 MPa,应力集中系数为 1.32,支承压力峰值增大幅度为 3.2%,见表 4-7。

随着两层硬厚关键层间距的增大,当间距分别为 40 m、60 m 和 80 m 时,下位硬厚关键层初次破断前,其底部支承压力峰值分别为 15.8 MPa、15.9 MPa 和 16 MPa,应力集中系数分别为 1.3、1.31 和 1.31;硬厚关键层破断后,其底部支承压力峰值分别增大 16.3 MPa、16.3 MPa 和 16.4 MPa,应力集中系数全部为 1.34。由此可见,硬厚关键层破断前后,其底部支承压力出现增大现象,增大幅度分别为3.16%、2.5%和2.5%。

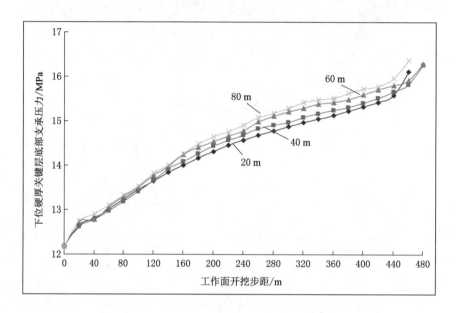

图 4-15　下位硬厚关键层底部支承压力峰值变化曲线

表 4-7　下位硬厚关键层底部支承压力峰值及应力集中系数

两层硬厚关键层间距/m		20	40	60	80
破断前	支承压力/MPa	15.6	15.8	15.9	16
	应力集中系数	1.28	1.3	1.31	1.31
破断后	支承压力/MPa	16.1	16.3	16.3	16.4
	应力集中系数	1.32	1.34	1.34	1.34

综合上述数值模拟结果分析可得:

(1) 随着工作面开采范围的不断增大,下位硬厚关键层底部支承压力峰值与推进步距同样呈线性增长关系。与上位岩层硬厚关键层底部支承压力变化规律相比,下位硬厚关键层底部支承压力峰值随工作面推进出现明显的增大趋势。

(2) 下位硬厚关键层初次破断后支承压力峰值出现增大现象,随着两层硬厚关键层岩层间距的增大,支承压力峰值的增大幅度逐渐减弱。

(3) 随着两层硬厚关键层岩层间距的增大,下位硬厚关键层初次破断前的底部支承压力峰值和应力集中程度出现增大现象,但是增大幅度并不明显;硬厚关键层破断后的底部支承压力同样出现不明显的增大现象,但是应力集中程度基本不变。

4.3.4　不同开采阶段采动应力分布特征

相关资料显示,在我国多个煤矿地层中赋存有巨厚坚硬岩层,例如兖矿集团鲍店煤矿巨厚"红层"砂岩,厚度为 150~200 m;再如新矿集团华丰煤矿巨厚砾岩,厚度约为 500 m。此类情况硬厚关键层,一般开采多个工作面甚至整个采区时才会发生破断垮落失稳。由于巨厚硬岩超大范围悬露,势必对工作面采场围岩应力变化产生较大影响。本部分以鲍店煤矿巨厚"红层"砂岩为研究背景,建立多工作面开采三维数值模型,研究在巨厚岩层的影响下,不同工作面开采时的采场超前支承压力和巨厚岩层底部支承压力变化规律。

根据数值模拟结果以及 4.1 节理论分析可知,煤层开挖之后,初始平衡的原岩应力状态被破坏,采场应力重新分布,在采空区四周形成支承压力,在工作面前方形成超前支承压力,在采空区两侧形成侧向支承压力。走向长壁接续工作面开采时,工作面煤壁前方应力分布分为两个区域,在靠近上区段采空侧除了受本工作面超前支承压力影响外,还受上区段工作面开采产生的侧向支承压力显著影响,在工作面采空区侧端部形成明显的支承压力叠加区;而工作面煤壁前方其他区域主要受本工作面开采形成的采动应力影响,称为单一超前支承压力影响区,如图 4-16 所示。首采工作面煤壁前方的全部区域均为单一超前支承压力影响区。

对于单一超前支承压力影响区,通过沿工作面中部走向设置应力监测线,记录不同开采阶段超前支承压力峰值,形成超前支承压力峰值变化曲线,如图 4-17 所示。

根据数值模拟超前支承压力变化曲线可以看出,巨厚关键层在首采工作面和第二工作面开采时未发生破断,当第三工作面推进到 420 m 时,巨厚关键层发生垮落失稳。由图 4-17 可以看出,在开采第一和第二工作面时,随着工作面开采范围的增大,超前支承压力峰值逐渐增大,但超前支承压力的增速

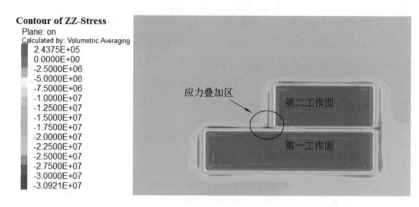

（a）第二工作面开采

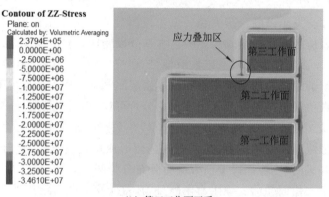

（b）第三工作面开采

图 4-16 多工作面开采后工作面支承压力分布云图

逐渐趋于缓和。第一工作面开采完后超前支承压力峰值为 27.7 MPa,应力集中系数为 1.94,超前支承压力峰值明显小于较薄关键层时的应力峰值;第二工作面开采完后超前支承压力峰值为 30.1 MPa,应力集中系数为 2.11;第三工作面开采过程中,超前支承压力同样随工作面的推进逐渐增大,在巨厚岩层破断前达到最大值,最大支承压力峰值为 33.1 MPa,应力集中系数为 2.32。巨厚岩层垮落失稳后,超前支承压力突然较小,峰值减小为 26 MPa,应力集中系数降低为 1.82,见表 4-8。

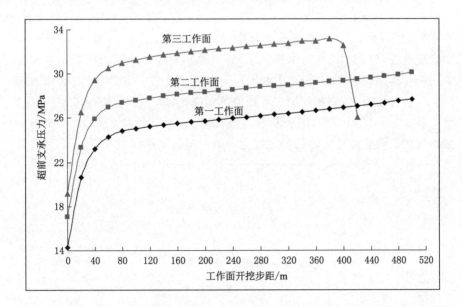

图 4-17 上覆巨厚岩层不同开采阶段超前支承压力峰值变化曲线

表 4-8 巨厚岩层下开采超前支承压力峰值及应力集中系数

开采阶段		第一工作面	第二工作面	第三工作面
破断前	支承压力/MPa	27.7	30.1	33.1
	应力集中系数	1.94	2.11	2.32
破断后	支承压力/MPa	/	/	26
	应力集中系数	/	/	1.82

由此可见,巨厚岩层下进行多工作面开采时,在首采工作面开采过程中,工作面超前支承压力峰值明显小于较薄关键层时的应力峰值;随着倾向开采范围的增大,在不同工作面推进相同步距时,后一工作面与前一工作面相比,由开采引起的超前支承压力峰值显著增大。因此,巨厚岩层破断前,超前支承压力峰值随着开采步距的增加逐渐增大,但开采超过一定范围后,超前支承压力峰值增速趋于缓慢;巨厚岩层破断后,超前支承压力峰值同样出现突然减小的变化。

根据工作面开采应力分布的特点,从第二个接续工作面开始,应力开始出现叠加现象。对于接续工作面开采应力叠加区域,工作面开采过程中超前叠加应力峰值变化曲线如图 4-18 所示。由叠加应力变化曲线可以看出,第二工作面开采时,工作面超前叠加应力峰值随工作面开采范围的扩大而逐渐增大,在工作面开采结束前,叠加应力峰值达到最大,最大值约为34.2 MPa,应力集中系数为2.4,当第二工作面推进与第一工作面停采线平齐后,工作面应力叠加区域消失,超前支承压力迅速减小,并与单一超前支承压力峰值基本相等。第三工作面开采时,工作面超前叠加应力峰值与第二工作面相比显著增大,巨厚岩层初次破断前,超前叠加应力峰值达到最大,最大值约为40.9 MPa,应力集中系数为2.87;巨厚岩层破断后,超前叠加应力突然减小为35.3 MPa,但减小后的超前叠加应力峰值仍远远大于单一超前支承压力峰值。

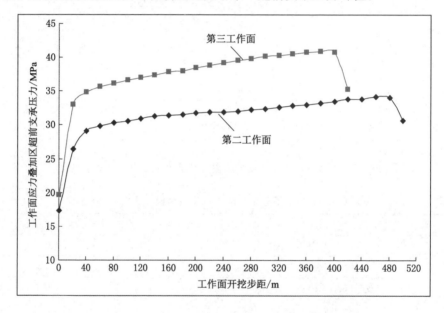

图4-18　上覆巨厚岩层不同开采阶段超前叠加应力峰值变化曲线

　　图4-19~图4-21所示为巨厚岩层条件下多工作面开采时不同工作面开采阶段巨厚岩层底部支承压力变化曲线。由图中曲线可以看出,在开采巨厚岩层未发生破断的第一和第二工作面时,巨厚岩层底部支承压力沿走向增大到峰值后,在所建模型范围内并未出现明显的应力减小现象,仅当开采第三工作面巨厚岩层出现破断垮落时,支承压力沿走向增大到峰值后才出现明显的应力减小现象。由此说明巨厚岩层破断前弯曲挠度很小,未对下方岩体产生局部压缩,而是有大范围岩体均匀支撑,未产生局部应力集中现象。同样说明,岩层厚度越大,支承压力影响范围也就越大。

　　对某一工作面开采时,巨厚岩层底部支承压力峰值与推进步距均呈正线性关系,如图4-22所示。与工作面超前支承压力峰值一样,在巨厚岩层未破

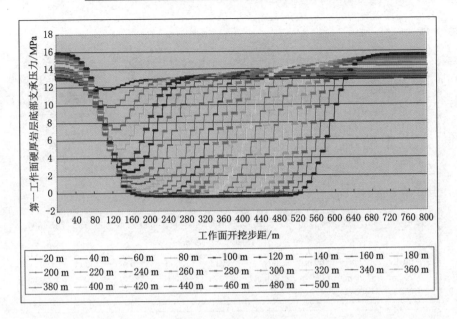

图 4-19 第一工作面开采硬厚关键层底部支承压力变化曲线

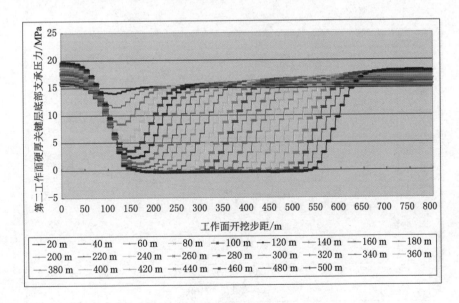

图 4-20 第二工作面开采硬厚关键层底部支承压力变化曲线

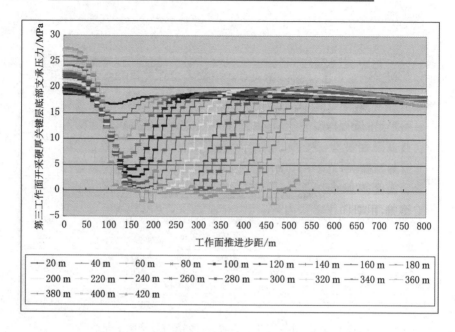

图 4-21 第三工作面开采硬厚关键层底部支承压力变化曲线

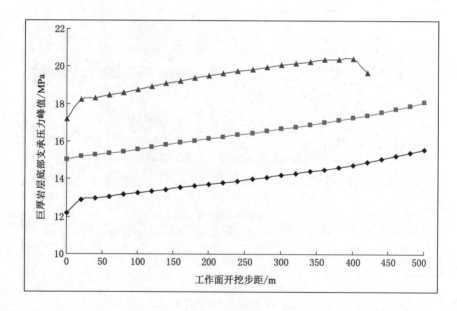

图 4-22 巨厚岩层下支承压力峰值变化曲线

断垮落工作面开采过程中,巨厚岩层底部支承压力峰值在工作面停采后达到最大值,并且上一工作面开采支承压力峰值最大值基本为下一工作面开采的初始值。对于不同开采工作面,相同的推进步距,随着倾向开采范围的增大,巨厚岩层底部支承压力峰值显著增大。巨厚岩层破断后,其底部支承压力出现突然减小现象,但减小幅度不大。

4.4　上覆高位硬厚关键层采动应力变异特征

上一节对工作面上覆高位硬厚关键层条件下工作面超前支承压力及硬厚关键层底部支承压力分布规律进行了分析研究。本节在此基础上,通过建立无硬厚岩层工作面开采数值模型,模拟研究工作面超前支承压力与上覆岩层采动应力分布规律,然后对比研究工作面上覆高位硬厚关键层条件下采动应力变异特征。

4.4.1　无硬厚岩层工作面超前支承压力变化规律

图 4-23 所示为工作面上覆岩层中无硬厚岩层条件下超前支承压力峰值变化曲线。由图中曲线可以看出,工作面开采初期,超前支承压力峰值的增速与赋存硬厚岩层条件时基本一致。由此说明,工作面初期超前支承压力主要受下位岩层弯曲垮落运动影响,与硬厚关键层无关。随着工作面开采范围的增大,超前支承压力峰值增速有所减缓,但仍比赋存关键层时要大。工作面推进到 160 m 时,超前支承压力达到 29.8 MPa,应力集中系数为 2.11,超前影响范围为 180 m,小于赋存硬厚岩层时超前支承压力影响范围,超前支承压力峰值大于硬厚岩层条件下超前支承压力峰值,且提前达到超前支承压力最大峰值。随着工作面继续推进,上覆岩层基本上达到充分采动,超前支承压力逐步减小,未出现突变现象。

为了和赋存硬厚关键层条件上覆岩层中支承压力相对比,选择和单层硬厚岩层相同层位高度设置应力监测线,得到上覆岩层支承压力峰值变化曲线,如图 4-24 所示。由图中曲线可以看出,随着工作面推进,上覆岩层中支承压力峰值呈指数函数增长趋势,并在工作面充分采动后达到最大值。与赋存硬厚关键层相比,未出现支承压力降低现象。

4.4.2　上覆高位硬厚关键层采动应力变异特征

通过对工作面上覆单层或两层硬厚岩层以及无关键层条件超前支承压力

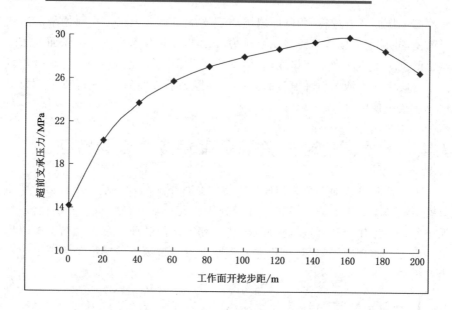

图 4-23 无硬厚岩层工作面超前支承压力峰值变化曲线

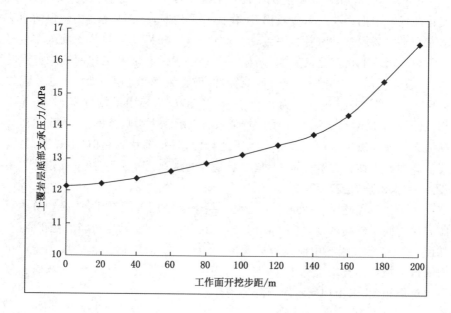

图 4-24 上覆岩层支承压力峰值变化曲线

和上覆岩层底部支承压力随工作面开采的变化的数值模拟研究,对比分析后得到工作面上覆硬厚关键层条件下采动应力有以下变异特征:

（1）工作面上方赋存高位硬厚岩层时,随着工作面开采范围的增大,超前支承压力峰值逐渐增大,但增速不断减小。硬厚岩层破断前,超前支承压力峰值达到最大值。与无硬厚关键层相比,硬厚关键层下开采工作面超前支承压力最大值小、影响范围大。由于硬厚关键层极限跨度大的特点,工作面超前支承压力达到最大值需要的时间长,并且处于极限峰值状态的时间也长。硬厚关键层初次破断后,超前支承压力峰值迅速减小,出现明显的突变现象。

（2）与无硬厚岩层工作面上覆岩层采动应力分布相比,硬厚关键层破断前,其底部支承压力随工作面开采呈线性增长关系;硬厚岩层破断后,其底部支承压力迅速增大,同样出现应力突变现象。

（3）随着硬厚关键层厚度的增大,工作面超前支承压力最大峰值逐渐减小,但超前支承压力处于极限峰值的时间不断增长,超前影响范围也逐渐增大;硬厚关键层破断后,超前支承压力峰值的减小幅度逐渐增大,硬厚关键层底部支承压力增大程度逐渐减小。

（4）随着硬厚关键层赋存层位的升高,硬厚关键层上覆载荷逐渐减小,其对工作面开采的采动应力影响逐渐减小,致使工作面超前支承压力最大峰值逐渐减小,但超前影响范围逐渐增大,工作面处于极限峰值状态的时间逐渐增长。硬厚关键层破断后,工作面超前支承压力突变程度随着硬厚关键层层位的升高逐渐减小,但硬厚关键层底部支承压力的突变程度逐渐增大。

（5）工作面上覆两层硬厚关键层时,随着关键层层间距的增大,硬厚关键层的复合效应逐渐减弱,硬厚关键层初次破断步距变化不大,工作面超前支承压力最大峰值逐渐增大,但增大程度不明显;硬厚关键层破断后,工作面超前支承压力峰值基本相等,但破断前后减小程度逐渐增大。上位硬厚关键层底部支承压力由于下位硬厚关键层承载作用,随工作面不断推进应力增大幅度不明显;随着两硬厚关键层层间距的增大,支承压力增长幅度逐渐减小,但硬厚关键层破断后的支承压力集中程度基本相等。与上位关键层底部支承压力相比,下位硬厚关键层底部支承压力随工作面推进出现明显的增大趋势;随着两层硬厚关键层层间距的增大,下位硬厚关键层初次破断前的底部支承压力峰值和应力集中程度出现增大现象,但是增大幅度不明显;下位硬厚关键层破断后的底部支承压力同样出现不明显的增大现象,且增大幅度随硬厚关键层层间距的增大逐渐减弱,但应力集中程度基本不变。

（6）巨厚岩层下进行连续多工作面开采时,在首采工作面开采过程中,工作面超前支承压力最大值明显小于较薄关键层的情况;接续工作面开采时,煤壁前方靠近采空区侧出现显著的应力叠加区域,并且超前叠加应力峰值随开采范围的增大而显著增大。巨厚岩层破断前,在各个工作面开采时,超前支承压力随着推进步距的增加逐渐增大,但工作面开采超过一定范围后,超前支承压力增速趋于平缓;巨厚岩层破断后,超前支承压力同样出现突然减小现象。随着倾向开采范围的增大,不同工作面相同的推进步距,巨厚岩层底部支承压力峰值显著增大;巨厚岩层破断后,其底部支承压力同样突然减小,但减小幅度不大。

4.5　本章小结

本章首先通过理论分析,研究了高位硬厚关键层对采动应力的作用机理。然后利用 FLAC 3D 有限差分数值模拟软件建立三维数值试验模拟,研究了单层硬厚关键层不同岩层厚度和赋存层位、两层硬厚关键层不同层间距以及巨厚关键层不同开采阶段等情况下,工作面超前支承压力及硬厚关键层底部支承压力变化规律。得到如下结论:

(1) 高硬厚关键层初次破断前,硬厚关键层与下位采空区四周未破断岩体形成稳定的“梯”形空间承载结构,硬厚关键层及上方岩层的载荷通过侧向结构体传递到采空区四周煤层,形成应力集中现象;高位硬厚关键层初次破断后,已垮落的硬厚关键层及上方岩层一端由下位采空区已垮落岩体支承,另一端由下位采空区四周未破断岩体支承,从而造成硬厚关键层破断后的采场支承压力明显减小。

(2) 工作面上方赋存高位硬厚岩层时,随着工作面开采范围的增大,超前支承压力峰值逐渐增大,但增速不断减小。硬厚岩层破断前,超前支承压力峰值达到最大值。与无硬厚关键层相比,硬厚关键层下开采工作面超前支承压力最大值小、影响范围大。由于硬厚关键层极限跨度大,工作面超前支承压力达到最大值需要的时间较长,且处于极限峰值状态的时间也较长。硬厚关键层初次破断后,超前支承压力峰值迅速减小,出现明显的突变现象。

(3) 硬厚关键层破断前,其底部支承压力随工作面开采呈线性增长关系;硬厚岩层破断后,其底部支承压力迅速增大,同样出现应力突变现象。

(4) 随着硬厚关键层厚度的增大,工作面超前支承压力最大峰值逐渐减小,但超前支承压力处于极限峰值的时间不断增长,超前影响范围也逐渐增大;硬厚关键层破断后,超前支承压力峰值的减小幅度逐渐增大,硬厚关键层底部支承压力增大程度逐渐减小。

(5) 随着硬厚关键层赋存层位的升高,硬厚关键层上覆载荷逐渐减小,其对工作面开采的采动应力影响逐渐减小,致使工作面超前支承压力最大峰值逐渐减小,但超前影响范围逐渐增大,工作面处于极限峰值状态的时间逐渐增长。硬厚关键层破断后,工作面超前支承压力骤减程度随着硬厚关键层层位的升高逐渐减小,但硬厚关键层底部支承压力的突变骤增逐渐增大。

(6) 工作面上覆两层硬厚关键层时,随着关键层层间距的增大,硬厚关键层的复合效应逐渐减弱,硬厚关键层初次破断步距变化不大,工作面超前支承压力最大峰值逐渐增大,但增大程度不明显;硬厚关键层破断后,工作面超前支承压力峰值基本相等,但破断前后减小程度逐渐增大。由于下位硬厚关键层承载作用,上位硬厚关键层底部支承压力随工作面推进增长幅度不明显;随着两层硬厚关键层层间距的增大,支承压力增长幅度逐渐减小,但硬厚关键层破断后的支承压力集中程度基本相等。与上位关键层底部支承压力相比,下位硬厚关键层底部支承压力随工作面推进出现明显增大的趋势;随着两层硬厚关键层层间距的增大,下位硬厚关键层初次破断前的底部支承压力峰值也随之增大,但增幅不明显;下位硬厚关键层破断后的底部支承压力突然增大,但增幅不明显,且增大幅度随硬厚关键层层间距的增大逐渐减弱,但应力集中程度基本不变。

(7) 巨厚岩层下进行连续多工作面开采时,首采工作面开采过程中,工作面超前支承压力最大值明显小于较薄关键层的情况;接续工作面开采时,煤壁前方靠近上区段采空区侧出现显著的应力叠加区域,并且超前叠加应力峰值随开采范围的增大而显著增大。巨厚岩层破断前,各个工作面开采时,超前支承压力随着推进步距的增加逐渐增大,但工作面开采超过一定范围后,超前支承压力增速趋于平缓;巨厚岩层破断后,超前支承压力同样出现突然减小现象。随着倾向开采范围的增大,不同工作面相同的推进步距,巨厚岩层底部支承压力峰值显著增大;巨厚岩层破断后,其底部支承压力同样突然减小,但减小幅度不大。

第5章 高位硬厚关键层下开采微震活动规律

随着煤层开采深度的不断增加,采场围岩应力条件日益复杂,由采动应力引起的矿震、冲击地压等动力灾害随之增多。尤其煤层上覆高位硬厚岩层时,由于硬厚岩层具有强度高、完整性好和极限悬跨度大的特点,在煤层开采过程中,硬厚岩层作为关键层承载着上方局部或全部软弱岩层的重量,其初次破断前与采空区四周未破断岩体形成稳定的覆岩空间结构,并使采场周围及硬厚关键层底部岩体长时间处于极限应力状态。在工作面开采活动影响下,采场周围处于高应力状态的岩体极易发生破裂失稳,诱发矿震及冲击地压的发生。特别是硬厚关键层破断过程中,较高冲击震动能量的释放及传播极易引发大能量微震活动及强冲击矿压。造成工作面超前巷道剧烈变形破坏、煤壁片帮、支架压架等强动压显现的发生,严重威胁工作人员的人身安全,制约矿井的安全高效开采。本章通过分析高位硬厚关键层弯曲破断过程中能量的储存、释放及传播规律,研究工作面开采过程中微震诱发机理,并利用 FLAC 3D 数值模拟研究硬厚关键层下采场围岩能量分布特征,揭示微震活动易发区域的分布规律。

5.1 关键层破断过程中能量释放与传播规律

5.1.1 高位硬厚关键层能量储存与释放

工作面开切眼后,随着工作面不断推进,上覆岩层垮落运动逐渐向上发展,离层裂隙也随之向上发育。当工作面推进一定步距之后,离层裂隙发育到硬厚关键层底。由于硬厚关键层初次破断步距大,离层裂隙将会充分发育,使得硬厚关键层在自重及上方载荷的作用下有足够的弯曲运动时间和空间,如图 5-1 所示。

随着硬厚关键层底部离层范围的逐渐增大,硬厚关键层在自身重量及上方载荷的作用下发生弯曲下沉。弯曲过程中,硬厚关键层所受的弯矩($M_x \mathrm{d}y$、$M_y \mathrm{d}x$)和扭矩($M_{xy} \mathrm{d}y$、$M_{yx} \mathrm{d}x$)对岩层做功,即转化为储存在岩层内部的弯曲变形能。由于硬厚关键层的扭矩和弯矩所做的功互不影响,岩层的弯曲变形能为二者做功之和[10],即:

$$U_{\mathrm{d}} = -\frac{1}{2}\iint\limits_A \left(M_x \frac{\partial^2 w}{\partial^2 x^2} + M_y \frac{\partial^2 w}{\partial^2 y^2} - 2M_{xy} \frac{\partial^2 w}{\partial x \partial y} \right) \mathrm{d}x \mathrm{d}y \tag{5-1}$$

式中　U_{d}——硬厚关键层所受的弯曲变形能,J;

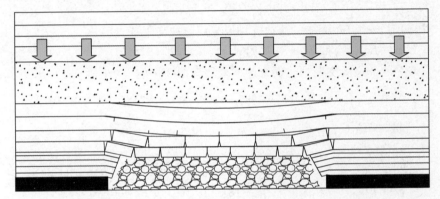

图 5-1　硬厚关键层初次破断前弯曲变形力学模型

将式(2-6)代入式(5-1)可得:

$$U_{\mathrm{d}} = \frac{1}{2}D\iint\limits_A \left\{ \left(\frac{\partial^2 w}{\partial x^2} + \frac{\partial^2 w}{\partial y^2} \right)^2 - 2(1-\mu) \left[\frac{\partial^2 w}{\partial x^2} \frac{\partial^2 w}{\partial y^2} - \left(\frac{\partial^2 w}{\partial x \partial y} \right)^2 \right] \right\} \mathrm{d}x \mathrm{d}y$$

$$\tag{5-2}$$

由第 2 章硬厚关键层空间力学状态可知,在煤层开采过程中,高位硬厚关键层初次破断前分为五种边界状态:四边固支、三边固支一边简支、两邻边固支两邻边简支、两对边固支两对边简支和一边固支三边简支。分别将五种边界条件的弯曲挠度方程代入式(5-2),可得硬厚岩层初次破断前弯曲变形能方程为:

(1) 四边固支硬厚岩层弯曲变形能

$$U_{\mathrm{d}0} = \frac{D\pi^4}{8a^3 b^3} \big[(3A_{11}^2 + 48A_{12}^2 + 3A_{21}^2 + 48A_{22}^2 + 4A_{11}A_{21} + 64A_{12}A_{22})a^4 +$$

$$2(A_{11}^2 + 4A_{12}^2 + 4A_{21}^2 + 16A_{22}^2)a^2 b^2 + (3A_{11}^2 + 3A_{12}^2 + 48A_{21}^2 + 48A_{22}^2 +$$

$$4A_{11}A_{12} + 64A_{21}A_{22})b^4 \big] \tag{5-3}$$

式中　$U_{\mathrm{d}0}$——四边固支硬厚岩层弯曲变形能,J;

A_{11}、A_{12}、A_{21}和A_{22}——见第2章式(2-30)～式(2-34)。

（2）三边固支一边简支硬厚岩层弯曲变形能

$$U_{d1} = \frac{D\pi^2}{4\,608a^3b}\big[3(208B_{11}^2 + 10\,393B_{13}^2 + 208B_{21}^2 + 10\,393B_{23}^2 + 405B_{11}B_{13} +$$

$$751B_{11}B_{21} + 18B_{13}B_{21} + 18B_{11}B_{23} + 13\,858B_{13}B_{23} + 27B_{21}B_{23})a^4 +$$

$$24(33B_{11}^2 + 349B_{13}^2 + 134B_{21}^2 + 428B_{23}^2 + 9B_{11}B_{13} + 36B_{21}B_{23})a^2b^2 +$$

$$16(85B_{11}^2 + 325B_{13}^2 + 1\,359B_{21}^2 + 5\,199B_{23}^2 + 198B_{11}B_{13} + 3\,172B_{21}B_{23})b^4\big]$$

$$(5\text{-}4)$$

式中　U_{d1}——三边固支一边简支硬厚岩层弯曲变形能，J；

　　　B_{11}、B_{13}、B_{21}和B_{23}——见附录。

（3）两邻边固支两邻边简支硬厚岩层弯曲变形能

$$U_{d2} = \frac{D}{110\,592ab}\big[(11\,797C_{11}^2 + 588\,590C_{13}^2 + 45\,127C_{31}^2 + 2\,251\,554C_{33}^2 +$$

$$22\,935C_{11}C_{13} + 26\,765C_{11}C_{33} + 27\,534C_{11}C_{31} + 26\,766C_{13}C_{31} +$$

$$1\,373\,753C_{13}C_{33} + 87\,735C_{31}C_{33})a^4 + 6(2\,238C_{11}^2 + 23\,336C_{13}^2 +$$

$$23\,336C_{31}^2 + 243\,526C_{33}^2 + 1\,806C_{11}C_{13} + 1\,806C_{11}C_{31} + 729C_{11}C_{33} +$$

$$729C_{13}C_{31} + 18\,843C_{13}C_{33} + 18\,843C_{13}C_{33})a^2b^2 + (11\,797C_{11}^2 +$$

$$45\,127C_{13}^2 + 1\,344\,508C_{31}^2 + 3\,007\,473C_{33}^2 + 27\,534C_{11}C_{13} + 22\,935C_{11}C_{31} +$$

$$26\,765C_{11}C_{33} + 26\,765C_{13}C_{31} + 87\,735C_{13}C_{33} + 2\,381\,644C_{31}C_{33})b^4\big]$$

$$(5\text{-}5)$$

式中　U_{d2}——两邻边固支两邻边简支硬厚岩层弯曲变形能，J；

　　　C_{11}、C_{13}、C_{31}和C_{33}——见附录。

（4）两对边固支两对边简支硬厚岩层弯曲变形能

$$U_{d3} = \frac{D\pi^4}{32a^3b^3}\big[(3D_{11}^2 + 243D_{13}^2 + 3D_{21}^2 + 243D_{23}^2 + 4D_{11}D_{21} + 324D_{13}D_{23})a^4 +$$

$$8(D_{11}^2 + 9D_{13}^2 + 4D_{21}^2 + 36D_{23}^2)a^2b^2 + 16(D_{11}^2 + D_{13}^2 + 16D_{21}^2 + 16D_{23}^2)b^4\big]$$

$$(5\text{-}6)$$

式中　U_{d3}——两对边固支两对边简支硬厚岩层弯曲变形能，J；

　　　D_{11}、D_{13}、D_{21}和D_{23}——见附录。

（5）一边固支三边简支硬厚岩层弯曲变形能

$$U_{d4} = \frac{D\pi^2}{1\,152ab^3}\big[(85E_{11}^2 + 6\,881E_{13}^2 + 325E_{31}^2 + 26\,321E_{33}^2 + 198E_{11}E_{31} +$$

$$198E_{13}E_{33})a^4 + 6(33E_{11}^2 + 301E_{13}^2 + 349E_{31}^2 + 3\,141E_{33}^2 + 27E_{11}E_{31} +$$

$$243E_{13}E_{33})a^2b^2 + 3(69E_{11}^2 + 69E_{13}^2 + 3\,465E_{31}^2 + 3\,465E_{33}^2 +$$

$$135E_{11}E_{31} + 135E_{13}E_{33})b^4 \,] \tag{5-7}$$

式中　U_{d4}——两对边固支两对边简支硬厚岩层弯曲变形能,J;

　　　E_{11}、E_{13}、E_{31} 和 E_{33}——见附录。

　　任以一组岩石力学参数为例,硬厚关键层倾向悬露长度 $b=100$ m,硬厚关键层厚度 $h=40$ m,硬厚关键层自重及上覆载荷 $q=4$ MPa,弹性模量 $E=1.68$ GPa,泊松比 $\mu=0.2$。在不考虑硬厚关键层破断垮落的理想条件下,将以上参数代入式(5-3)~式(5-7),可得硬厚关键层随走向悬露长度增大的变化规律曲线,如图 5-2 所示。

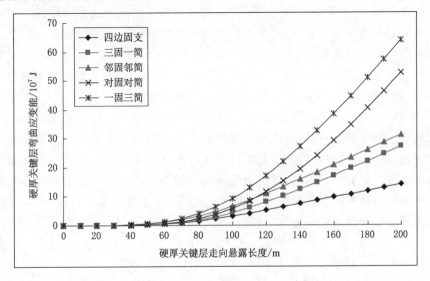

图 5-2　硬厚关键层弯曲变形能变化曲线

　　由图 5-2 可以看出,高位硬厚关键层悬露初期,由于岩板底部悬露面积较小,硬厚关键层下沉挠度较小,岩层弯曲产生的变形能增速相对较小。随着走向悬露长度的不断增大,五种边界条件硬厚关键层弯曲变形能增速均逐渐变大。其中,四边固支硬厚关键层变形能增速变化率最小,一边固支三边简支硬厚关键层增速变化率最大。当硬厚关键层走向悬露超过一定长度后,岩层弯曲变形能增速趋于定值,由随走向悬露长度增加的变速增大转变为线性增大。

　　随着开采范围的逐渐增大,硬厚关键层底部离层空间范围不断增大。同时,离层空间的高度也逐渐增大,使得硬厚关键层弯曲运动过程中不但储存了弯曲变形能,同时具有重力势能。由此可得,硬厚关键层下方出现离层空间后,硬厚岩层储存的总能量为:

$$U = \sum_{i=1}^{n} \gamma_i S h_i H + U_{di} \tag{5-8}$$

式中　U——硬厚关键层储存的总能量，J；

　　　U_{di}——不同边界条件硬厚关键层弯曲变形能，J；

　　　γ_i——硬厚岩层及上方各岩层的岩重，N/m³；

　　　S——破断岩层的面积，$S = a \cdot b$，m²；

　　　h_i——垮落各岩层的厚度，m；

　　　H——离层空间最大高度，m。

由式(5-8)可以看出，煤层开采后，高位硬厚关键层具有的总能量与垮落岩层的总厚度呈正相关关系，与离层空间的高度同样呈正相关关系，即：下方煤层的开采总厚度越大，采空区上方垮落岩体的碎胀系数越小，或者硬厚关键层与煤层的间距越小，离层空间的高度就越大，硬厚关键层具有的重力势能就越大，硬厚关键层初次破断前储存的总能量就越大。

当高位硬厚主关键层达到极限悬露尺寸时，硬厚关键层上表面在弯曲内力作用下发生断裂，同时缓慢释放弹性能。硬厚关键层上表面四周断裂线连通之后，便发生结构性垮落失稳并对下位岩体产生强烈冲击，岩板内部弯曲弹性能和重力势能剧烈释放，并转化为热能和冲击动能。相关研究表明[164]，硬厚关键层垮落失稳释放的能量仅占1%～10%转化为弹性冲击震动能，其余的大部分能量通过对围岩做功转换为热能散失掉，即：

$$E_k = (1\% \sim 10\%) U \tag{5-9}$$

式中　E_k——硬厚关键层垮落失稳转化的冲击震动能量，J。

5.1.2　冲击震动能量在岩体中的传播规律

高位硬厚关键层破裂及垮落失稳释放转化的冲击震动能一般以球形震动波的形式向四周辐射，如图5-3所示。震动波在扰动传播过程中常常引起周围岩体的震动，并对岩体做功，引起震动波的能量消耗。另外，遇到岩体的结构面还将引起震动波的反射与折射，损耗震动波的能量。因此，冲击震动波的传播是耗散衰减传播，传播后能量的大小与传播的距离以及岩体岩性、裂隙发育程度有很大关系[165]。

高明仕等[166]经过冲击震动波在岩体介质中的传播规律试验研究拟合出了随传播距离增大能量呈负指数关系衰减的表达式：

$$E_t = E_k l^{-\eta} \tag{5-10}$$

式中　E_t——冲击震动波传播后的能量，J；

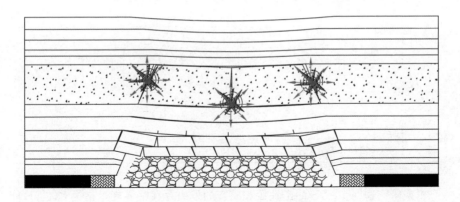

图 5-3 冲击震动能量传播示意图

l——冲击震动波传播距离标量数；

η——冲击震动波衰减指数，$\eta \geqslant 1$。

研究表明，冲击震动能量衰减系数随着传播介质的完整性、硬度和孔隙率等性能指标的变化而不同，此类指标越趋向良性，衰减指数越小；反之，衰减指数越大。

根据图 5-2 中不同边界条件硬厚关键层能量情况，参考硬厚关键层弯曲变形能的能级，任取硬厚岩层初次破断前的总能量 $U = 4 \times 10^8$ J。则根据式(5-9)，取能量转化率为 5%，经计算可得冲击震动波的能量 $E_k = 2 \times 10^7$ J。分别取衰减系数为 1.0、1.5、2.0、2.5、3.0、3.5、40、4.5 和 5.0，经计算可得不同传播距离后的冲击震动能量值，见表 5-1。

表 5-1 衰减后的冲击震动能量值 单位:J

传输距离 /m	衰减系数								
	1.0	1.5	2.0	2.5	3.0	3.5	4.0	4.5	5.0
5	4 000 000	1 788 854	800 000	35 771	160 000	71 554	32 000	14 311	6 400
10	2 000 000	632 456	200 000	63 246	20 000	6 325	2 000	633	200
15	1 333 333	344 265	88 889	22 951	5 926	1 530	395	102	26
20	1 000 000	223 607	50 000	11 180	2 500	559	125	28	6
25	800 000	160 000	32 000	6 400	1 280	256	51	10	2
30	666 667	121 716	22 222	4 057	741	135	25	5	0.8

表 5-1(续)

传输距离	衰减系数								
/m	1.0	1.5	2.0	2.5	3.0	3.5	4.0	4.5	5.0
35	571 429	96 589	16 327	2 760	466	79	13	2	0.4
40	500 000	79 057	12 500	1 976	313	49	8	1	0.2
45	444 444	66 254	9 877	1 472	219	33	5	0.7	0.1
50	400 000	56 569	8 000	1 131	160	23	3	0.5	0.1

相关研究表明[164,167],冲击地压和矿震的发生存在临界能量指标 U_{kmin},该能量指标可以通过折算成冲击时煤岩体所需最小速度确定,即:$U_{kmin}=1/2\rho v_0^2$。一般情况下,当 $v_0 \geq 10$ m/s 时,煤岩体一定发生微震或冲击地压。若取 ρ 为 2.5×10 kg/m³,则发生微震及冲击地压的最小动能 $U_{kmin}=1.25 \times 10^5$ J/m³。以 $E_k=2 \times 10^7$ J 为例,当 $\eta=1.5$ 时,冲击震动波传输到 35 m,震动能量衰减到 96 589 J($E_t < 10^5$ J),见表 5-1;当 $\eta=2$ 时,冲击震动波传输到 15 m,震动能量衰减已经到 88 889 J($E_t < 10^5$ J)。随着衰减系数的增大,冲击震动能量衰减到 10^5 J 以下所需的传输距离迅速减小,而能量衰减系数又随着下位岩体的不均质性和裂隙发育程度的增大而增大。所以不同边界条件高位硬厚关键层初次破断后,下位岩体内的高震动能量基本上位于硬厚关键层附近。由此可推断,硬厚关键层破断时所诱发的高能量微震事件主要集中在硬厚关键层附近。

5.2 高位硬厚关键层下开采微震诱发机理

所谓微震,是采矿活动引起的一种诱发地震,是在局部高应力场和采矿活动作用影响下,造成采场及周围岩体处于应力失调不稳的异常状态,当局部区域岩体积累了一定能量后以破碎震动、失稳冲击或重力等作用方式释放出来而产生的岩体震动现象[168]。当强烈微震发生在采场工作面及超前巷道内,由于采掘空间为煤岩体能量强烈释放提供了足够的运动空间,常伴随有巨大的声响、煤岩体剧烈震动破碎并抛向采掘空间以及伴随冲击气浪等强动力灾害现象,造成工作面支架损坏和片帮冒顶、巷道堵塞、伤及井下工作面人员,严重影响煤矿企业的安全高效生产[77]。

由此可见,微震主要是由于采场周围岩体应力场超高异常以及上覆岩层垮落运动引起的。根据微震发生的不同力学条件,一般情况下可分为静载荷诱发微震和动载荷诱发矿震。

5.2.1 硬厚关键层下静载型微震诱发机理

煤层开采之前,地下岩体及煤体处于原岩应力环境,三向受力。井下巷道开掘以及煤层开挖之后,破坏了煤岩体内的原始应力平衡条件,使得采场围岩应力重新分布,并造成采掘空间周围煤岩体出现显著的应力集中现象。尤其煤层上覆高位硬厚岩层时,由于硬厚岩层初次破断步距较大,工作面开采后,下位岩层发生规则垮落,形成明显的"三带"覆岩特征,而高位硬厚岩层作为关键层承载着上覆软弱岩层的重量,与下方采空区四周未破断岩体易形成稳定的"梯"形覆岩空间承载结构。悬露的高位硬厚关键层重量及上覆岩层载荷通过侧向结构体传递到采场煤岩体上,使得下位岩体及采场煤岩体长时间处于较高采动应力状态。该采动应力对煤岩体做功,使其发生弹性压缩变形,并以弹性变形能的方式储存在煤岩体内,如图 5-4 所示。

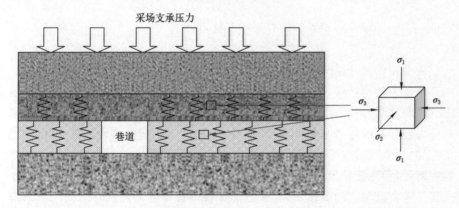

图 5-4 采场煤岩体力学作用模型

由矿井开采活动的特点可知,采场围岩中的采动应力并不是瞬间增大到极限应力状态,而是随采掘范围的增大逐渐增大到极限应力状态,由此使得采动应力呈现出静态应力的特点。根据岩石的全应力-应变曲线(图 5-5),工作面开采初期,采场围岩应力处于增长阶段,煤岩体受力压缩处于弹性压缩阶段,图中 OA 和 AB 段。此阶段,采场煤岩体未发生塑性破坏,在采动应力的作用下处于能量吸收储存阶段,储存在单位体积煤岩体中的弹性应变能为[127]:

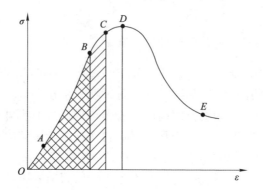

OA、AB—弹性应变能吸收释放阶段；BC—煤岩体能量蠕变释放阶段；CD—煤岩体能量加速释放阶段。

图 5-5　岩石全应力-应变曲线

$$U_c = \frac{\sigma_1^2 + \sigma_2^2 + \sigma_3^2 - 2\mu(\sigma_1\sigma_2 + \sigma_2\sigma_3 + \sigma_3\sigma_1)}{2E} \tag{5-11}$$

式中　U_c——单位体积煤岩体弹性应变能，J；

σ_1、σ_2 和 σ_3——煤岩体三个轴向主应力，MPa。

随着工作面开采范围的增大，硬厚关键层下位岩层逐渐破断垮落，关键层底部出现大面积悬露，采动应力逐渐增大，煤岩体中的弹性应变能进一步增大。煤岩体受力状态由 AB 弹性变形阶段进入 BC 屈服阶段，此阶段由于采动应力已达到煤岩体屈服极限，煤岩体中的原生裂隙开始缓慢破裂发育，并且消耗煤岩体中储存的弹性应变能，此时煤岩体中的弹性应变能开始进入蠕变损耗阶段，但是能量损耗速率较小，煤岩体总能量呈增长趋势。随着高位硬厚关键层走向悬跨度的继续增大，其下位岩体逐步进入并长时间处于极限应力峰值状态，此时最大主应力 σ_1 超过煤岩体的屈服极限，煤岩体的裂隙损伤速率加剧。当极限应力达到煤岩体的强度极限，储存弹性应变能 U_c 减去裂隙发育消耗的能量 U_c 远大于发生微震的最小能量 U_{kmin}，煤岩体迅速破裂，储存的弹性应变能急剧释放。由于煤岩体裂隙发育不足以短时间内消耗掉储存的弹性应变能，应变能便对煤岩体做功引起煤岩体的强烈震动。当强震事件发生在煤体深部或者上覆岩层内，便诱发静载型微震；当强震事件发生在采掘空间附近时，引起巷道变形和煤岩体抛出，便诱发静载型冲击地压。

5.2.2　硬厚关键层破断动载型矿震诱发机理

工作面开采过程中，高位硬厚关键层大面积悬露，若煤岩体仅处于高承压状态,最大主应力并未达到强度极限,甚至低于屈服极限,虽然煤岩体内储存有大量的弹性应变能,但并不会引发煤岩体的破裂失稳和能量剧烈释放。随着开采范围的不断增大,硬厚关键层走向悬露尺寸逐渐增大,关键层达到极限悬跨度并发生垮落失稳,对下位已垮落岩体产生强冲击的作用,极易诱发强微震活动。另外,高位硬厚关键层及上覆岩层中储存的弯曲弹性能和重力势能一部分转化为冲击震动能,并以球形冲击震动波的形式向四周辐射传播。冲击震动波对煤岩体做功并输入能量,若煤岩体内获得能量后满足以下条件:

$$U_c + E'_t - U_e \geqslant U_{kmin} \tag{5-12}$$

式中　E'_t——冲击震动波做功,煤岩体吸收的能量,J;

　　　U_e——煤岩体裂隙发育消耗的能量,J。

　　此时,在冲击震动波扰动因素的影响下,煤岩体破裂加剧,同时,储存的能量迅速释放,造成煤岩体的强烈震动,诱发微震或冲击地压。以上微震或冲击地压均由硬厚关键层破断引起,诱发动载型微震或冲击地压现象,如图 5-7 所示。

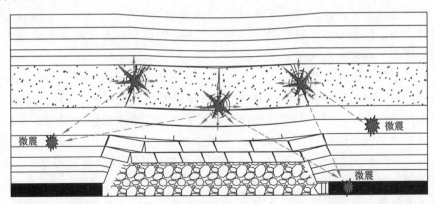

图 5-6　硬厚关键层破断诱发动载型微震模型

5.3　高位硬厚关键层下微震易发区域

　　根据上述分析,微震等冲击动力灾害的发生主要是由于采动引起的矿山压力对煤岩体作用,使其长时间处于压缩状态,煤岩体内部储存大量的弹性应变能,在岩体破裂失稳或岩层断裂失稳等诱导因素的影响下,煤岩体储存的能量剧烈释放并引起煤岩体的强烈震动,诱发微震等动力灾害。由此可见,微震一般易发生在矿山压力作用的高能量区,本节借助第 3 章高位硬厚关键层下开采采动应力分布 FLAC 3D 模拟结果,研究工作面开采过程中高位硬厚关键下能量分布特征,揭示工作面开采时的微震易发区域。

5.3.1 单层硬厚关键层下微震易发区域

选取单层硬厚关键层厚度分别为 30 m、50 m 和 70 m 三种情况的竖向剖面和水平切片进行研究,如图 5-7 所示。

图 5-7 所示为高位硬厚关键层初次破断前后弹性能分布剖面图。由图 5-7(a) 可以看出,高位硬厚岩层初次破断前弹性能最大值出现在工作面煤壁前方,位于超前支承压力峰值点附近,最大能量值为 2.235 3×10⁵ J。在工作面煤壁前上方的岩体内也出现了能量集中现象,尤其以硬厚关键层下方岩体能量集中更为显著,并且在煤壁前方出现能量峰值,最大能量约为 1×10⁵ J。此处在硬厚关键层破断过程中释放的高能量冲击震动波的影响下,极易诱发高能量微震活动;高位硬厚关键层初次破断后,采场各岩层的能量值均出现降低,采场最大弹性能集中同样出现在煤壁前方,最大能量值降低为 1.668 8×10⁵ J,能量降低现象较为明显。硬厚关键层下方岩体的能量积聚程度明显下降,但出现能量积聚的岩体范围明显增大。

硬厚关键层厚度为 50 m 时,采场煤岩体弹性能集中同样出现在煤壁前方,但与关键层厚度为 30 m 时相比,能量聚积程度出现明显的降低,弹性能最大值为 2.133 5×10⁵ J,高位硬厚关键层下方弹性积聚范围出现增大现象;高位硬厚关键层破断后,采场能量积聚最大值为 1.615 4×10⁵ J,和关键层厚度为 30 m 时相比,硬厚关键层初次破断前后能量的降低程度有所减小。硬厚关键层厚度为 70 m 时,与前两种相比,硬厚关键层初次破断前,工作面煤壁前方弹性能集中程度继续降低,最大能量值为 2.071 8×10⁵ J,高位硬厚关键层下方岩体弹性能同样降低,最大值为 8×10⁴ J,但能量积聚的影响范围显著增大;硬厚关键层破断后,采场弹性能降低为 1.598×10⁵ J,关键层破断前后能量降低程度有所减小。

综上所述,在竖向上,工作面开采过程中,静载型微震活动主要发生在高位硬厚关键层初次破断之前,易发区域主要集中在工作面煤壁前方支承压力集中区以及煤壁前方的硬厚关键层底部岩体。随着硬厚关键层厚度的增大,硬厚关键层底部微震活动易发区域范围逐渐增大。

图 5-8 所示为单层硬厚关键层破断前后弹性能分布平面图。由图 5-8 可以看出,在煤层位置,采空区四周煤壁外侧将形成一个"O"形能量聚积区,并

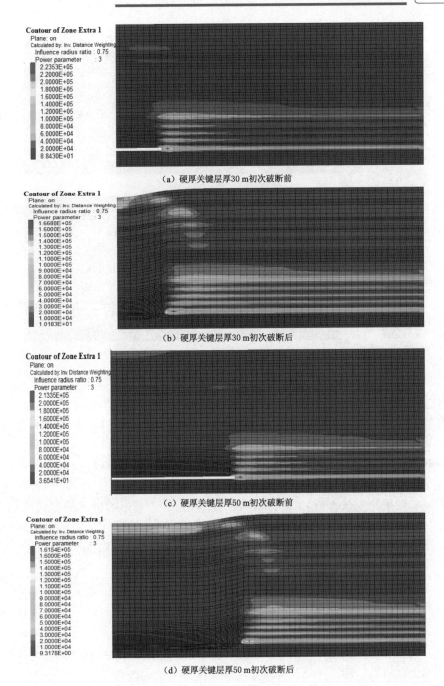

图 5-7　单层硬厚关键层初次破断前后弹性能分布剖面图

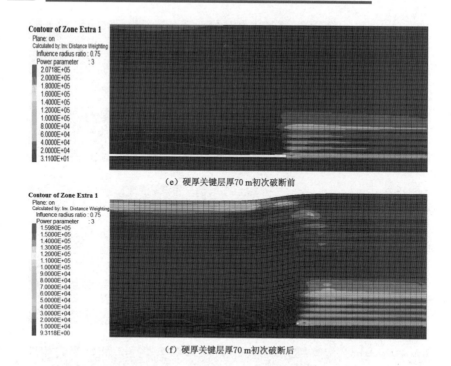

(e) 硬厚关键层厚70 m初次破断前

(f) 硬厚关键层厚70 m初次破断后

图 5-7 （续）

且随着与煤壁距离的增大，能量逐渐减小，采空区两侧煤体上能量积聚程度大于采空区前后方煤体，如图 5-8(a)所示；在硬厚关键层下方，同样在采空区四周煤壁外侧出现能量聚积区，采空区两侧煤体的能量聚积程度明显大于采空区前后方煤体，如图 5-8(b)所示。因此，在平面方向上，对于"O-X"形破断的硬厚关键层初次破断前，采空区四周将会形成一个"O"形的微震易发区域，采空区两侧微震活动发生的可能性大于采空区前后方。

5.3.2 两层硬厚关键层下微震易发区域

为研究两层硬厚关键层下微震活动易发区域分布特征，取两层硬厚岩层间软弱岩层厚度分别为 40 m 和 80 m 两种情况竖向剖面和水平切片进行分析，如图 5-9 和 5-10 所示。

根据关键层理论，经计算下位硬厚关键层为主关键层，控制着上覆全部岩层的垮落运动。图 5-9 所示为两层硬厚关键层初次破断前后弹性能分布剖面图，当高位硬厚关键层间距为 40 m 时，硬厚关键层初次破断前，工作面煤壁

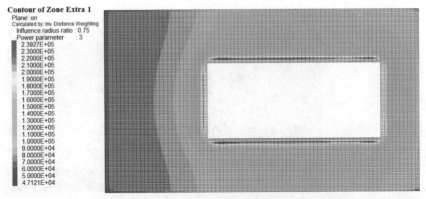

（a）初次破断前煤层位置

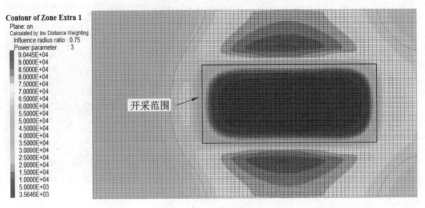

（b）初次破断前硬厚关键层下方

图 5-8　单层硬厚关键层初次破断前后弹性能分布平面图

前方煤体上能量聚积程度最大，最大能量值为 $1.967\,9\times10^5$ J。两层硬厚关键层下方岩体均出现能量聚积现象，下位硬厚关键层底部岩体弹性能最大值约为 7×10^4 J，上位硬厚关键层底部岩体弹性能最大值约为 3×10^4 J，下位硬厚关键层底部岩体能量聚积程度明显大于上位硬厚关键层底部岩体。硬厚关键层初次破断后，工作面煤壁前方煤体的能量最大值降低到 $1.670\,8\times10^5$ J；下位硬厚关键层底部岩体能量最大值降低为 6×10^4 J，但能量聚积的范围出现增大现象；上位硬厚关键层底部岩体能量最大值增高为 3.8×10^4 J，能量聚积范围同样出现增大现象。由此可见，硬厚关键层初次破断后，工作面煤壁前方煤体和下位硬厚关键层底部岩体弹性能聚积程度明显降低，上位硬厚关键层

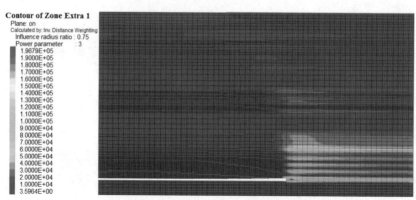

（a）硬厚关键层间距为40 m初次破断前

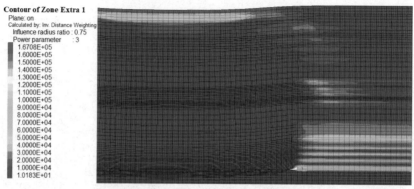

（b）硬厚关键层间距为40 m初次破断后

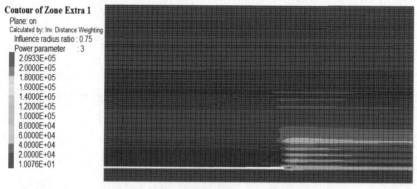

（c）硬厚关键层间距为80 m初次破断前

图 5-9　两层硬厚关键层初次破断前后弹性能分布剖面图

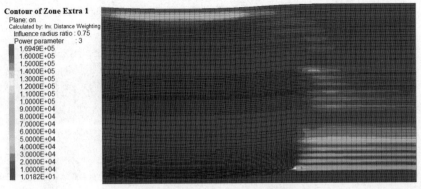

Contour of Zone Extra 1
Plane: on
Calculated by: Inv. Distance Weighting
Influence radius ratio : 0.75
Power parameter 　 : 3

　1.6949E+05
　1.6000E+05
　1.5000E+05
　1.4000E+05
　1.3000E+05
　1.2000E+05
　1.1000E+05
　1.0000E+05
　9.0000E+04
　8.0000E+04
　7.0000E+04
　6.0000E+04
　5.0000E+04
　4.0000E+04
　3.0000E+04
　2.0000E+04
　1.0000E+04
　1.0182E+01

（d）硬厚关键层间距为80 m初次破断后

图 5-9 （续）

底部岩体弹性能聚积程度明显增大,而两层硬厚关键层底部岩体能量聚积范围显著增大。

当两层硬厚关键层间距为 80 m 时,硬厚关键层初次破断前,工作面煤壁前方煤体的能量聚积最大值为 $2.093\,33\times10^5$ J,比关键层间距为 40 m 时略有增大。下位硬厚关键层底部岩体能量最大值为 6.95×10^4 J,上位硬厚关键层底部岩体能量最大值为 2.78×10^4 J,与关键层间距为 40 m 时相比,下位硬厚关键层底部岩体能量集中程度变化不大,而上位硬厚关键层底部岩体能量略有降低。硬厚关键层破断后,工作面煤壁前方煤体能量最大值降低为 $1.694\,9\times10^5$ J,下位硬厚关键层底部岩体能量最大值降低为 5.93×10^4 J,和关键层破断前相比均出现明显的降低现象;而上位硬厚关键层下方岩体能量最大值增大到 3.4×10^4 J,出现明显的增大现象。

综上所述,两层硬厚关键层下开采时,采场能量聚积最大值仍出现在工作面煤壁前方煤体上,在煤壁前方两层硬厚关键层底部岩体同样出现能量聚积现象。硬厚关键层破断后,工作面煤壁前方和下位硬厚关键层底部岩体能量聚积程度明显降低,而上位硬厚关键层底部岩体能量聚积程度略有增大,但能量聚积程度较低。因此,静载型微震活动主要发生在硬厚关键层破断前,微震易发区域位于工作面煤壁前方煤体和下位硬厚关键层底部岩体。

图 5-10 所示为工作面煤层和下位硬厚关键层底部能量聚积平面分布图。由图 5-10(a)可以看出,在采空区四周煤层外侧同样出现环绕采空区的“O”形弹性能聚积带,并且采空区侧向煤体的能量集中程度大于采空区前后方煤体。

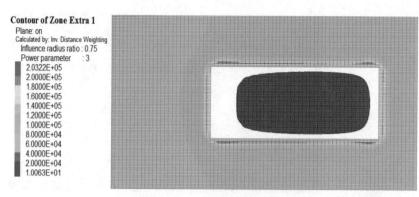

（a）初次破断前煤层位置

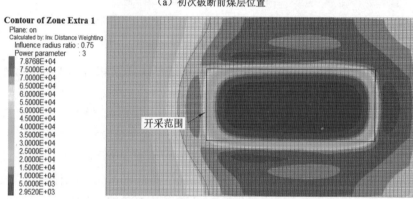

（b）初次破断前下位硬厚关键层底部

图 5-10　两层硬厚关键层初次破断前后弹性能分布平面图

在下位硬厚关键层底部岩体内，采空区四周煤壁外侧出现 4 个能量聚积区，其中采空区两侧的能量聚积区靠近工作面侧。由此可见，硬厚关键层初次破断前，采空区煤壁外侧的煤体和下位硬厚关键层底部岩体为微震活动的易发区域。

5.3.3　巨厚关键层下微震易发区域

由于巨厚关键层厚度大、强度高、极限悬露面积较大，需要开采多个工作面才会垮落失稳。由巨厚关键层下开采应力分布特征可知，在开采接续工作面时，在邻近上区段采空区侧出现显著的支承压力叠加现象。因此，本节选取采空区中部和接续工作面靠近采空区侧的剖面图（图 5-11）以及煤层和巨厚关键层底部的平面图（图 5-12），研究巨厚关键层下微震活动易发区域。

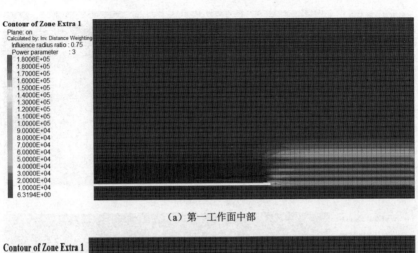

（a）第一工作面中部

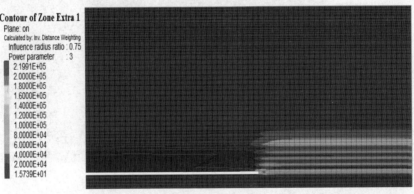

（b）第二工作面中部

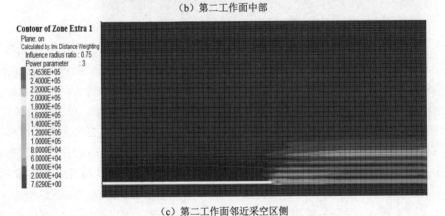

（c）第二工作面邻近采空区侧

图 5-11　巨厚关键层初次破断前弹性能分布剖面图

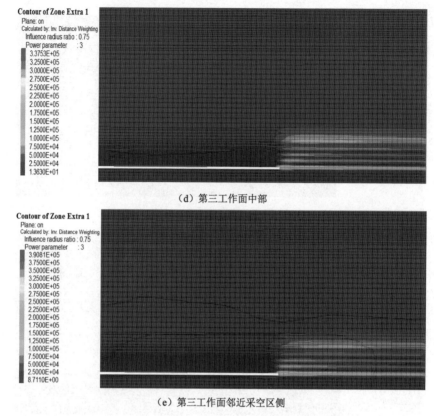

（d）第三工作面中部

（e）第三工作面邻近采空区侧

图 5-11 （续）

由图 5-11 弹性能量分布剖面图可以看出，巨厚关键层下多工作面开采时，工作面煤壁前方煤体和巨厚关键层下方岩体出现显著的能量聚积现象，其中工作面煤壁前方煤体能量聚积程度最高。随着倾向开采范围的增大，工作面煤壁前方煤体和巨厚关键层底部岩体内的能量聚积程度显著增大。在开采接续工作面时，靠近上区段采空区侧的煤体能量聚积程度明显大于工作面中部煤体。另外，巨厚关键层底部能量聚积较高区域范围远大于厚度较小的关键层情况，而且靠近上区段采空区侧巨厚关键层底部岩体的能量聚积较高区域与煤壁的距离较远。由此说明，在巨厚关键层影响下，采场能量聚积区域范围明显增大。

综上所述，巨厚关键层下开采时，在工作面煤壁前方以及巨厚关键层底部为微震活动易发区域，另外在接续工作面前方靠近上区段采空区侧微震活动发生可能性最大。

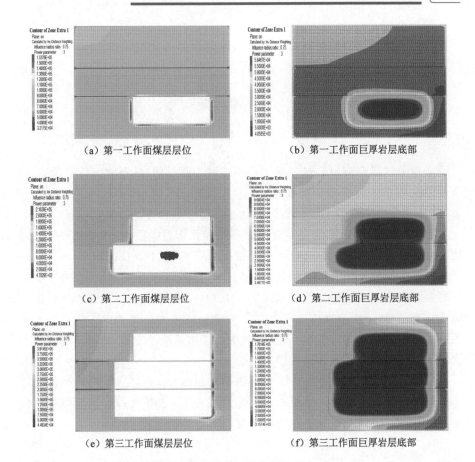

（a）第一工作面煤层层位　　　　　（b）第一工作面巨厚岩层底部

（c）第二工作面煤层层位　　　　　（d）第二工作面巨厚岩层底部

（e）第三工作面煤层层位　　　　　（f）第三工作面巨厚岩层底部

图 5-12　巨厚关键层下弹性能量分布平面图

由图 5-12(a)可以看出,与较薄关键层下开采相比,巨厚关键层下开采首采工作面时,在采空区四周煤壁外侧煤体同样形成明显的能量聚积区,但是采空区前后煤壁外侧煤体的能量聚积程度高于采空区两侧。在接续工作面开采过程中,上区段采空区四周煤壁外侧能量集中程度明显增大。另外,由于本工作面超前支承压力和上区段采空区侧向支承压力叠加作用,接续工作面靠近上区段采空区侧超前煤体出现弹性能的异常增大区。对于巨厚关键层底部岩体,与较薄关键层情况相比,在采空区外侧出现大范围的高能量区域。随着开采范围的增大,高能量区域的范围逐渐增大。由图 5-12(a)~(f)还可以看出,随着开采范围逐渐增大,采空区四周煤体和巨厚关键层底部岩体中能量聚积程度逐渐增大。

综合上述分析,巨厚关键层下开采,微震活动易发区域同样分布在采空区四周煤体和巨厚关键层附近岩体中。与较薄硬厚关键层情况相比,巨厚关键层多工作面开采时,能量聚积程度更大。由此说明,巨厚关键层下开采微震活动发生概率更大,微震活动的能级更高、范围更广。

5.4 本章小结

本章通过研究高位硬厚关键层破断过程中能量储存、释放与传播规律,以及硬厚关键层下开采微震诱发机理,并借助 FLAC 3D 模拟硬厚关键层下能量分布,分析高位硬厚关键层下开采微震活动分布规律,得到如下结论:

(1) 基于薄板理论,建立硬厚关键层弯曲变形力学模型,推导出硬厚关键层弯曲变形能计算公式。高位硬厚关键层悬露初期,下沉挠度较小,岩层弯曲产生的变形能随工作面推进增速相对较小。随着走向悬露长度的不断增大,硬厚关键层弯曲变形能增速逐渐变大。其中,四边固支硬厚关键层变形能增速变化率最小,一边固支三边简支硬厚关键层增速变化率最大。当硬厚关键层走向悬露超过一定长度后,岩层弯曲变形能增速趋于定值,由随走向悬露长度增加的变速增大转变为线性增大。

(2) 不同边界条件高位硬厚关键层初次破断后,下位岩体内传播的高震动能量基本上位于硬厚关键层附近。由此可推断,硬厚关键层破断时所诱发的高能量微震事件主要集中在硬厚关键层附近。

(3) 高位硬厚关键层下开采,微震活动可分为两类:静载型微震和动载型微震。煤层大面积开采后,悬露的高位硬厚关键层重量及上覆岩层载荷通过覆岩空间结构四周岩体传递到采场煤岩体上,使得下位岩体及采场煤岩体长时间处于较高静载采动应力状态。该采动应力对煤岩体做功并使其发生弹性压缩变形,而且以弹性变形能的方式储存在煤岩体内。随着工作面开采范围的不断增大,采动应力逐渐增大,煤岩体中的弹性应变能进一步增加。当煤岩体的最大主应力超过强度极限,煤岩体迅速发生破裂,储存的弹性应变能急剧释放。由于煤岩体裂隙发育不足以短时间内消耗掉储存的弹性应变能,应变能便对煤岩体做功,引起煤岩体的强烈震动,诱发静载型微震;若处于高承压状态煤岩体最大主应力并未达到强度极限,甚至低于屈服极限,虽然煤岩体内储存有大量的弹性应变能,但并不会引发煤岩体的破裂失稳和能量剧烈释放。高位硬厚关键层破断过程中释放的冲击震动能在煤岩体传播过程中对煤岩体做功并输入能量,造成煤岩体的能量急剧升高。在冲击震动波的扰动下,煤岩体破裂加剧，同时，储存的能量瞬间释放，造成煤岩体的强烈震动，诱发动载型微震。

（4）工作面上覆硬厚关键层时，静载型微震活动主要发生在高位硬厚关键层初次破断之前。单层硬厚关键层下开采，微震活动易发区域主要分布在采空区四周煤层和硬厚关键层底部岩体，并随着关键层厚度的增加，硬厚岩层底部微震活动易发区域范围逐渐增大；两层硬厚关键层下开采，微震活动易发区域同样位于采空区四周煤层和下位硬厚关键层底部岩体。随着两层层间距的增大，上位硬厚关键层发生微震活动的可能性也逐渐增大；巨厚关键层下开采，微震活动易发区域主要分布在采空区四周煤层以及巨厚关键层底部，其中在接续工作面煤壁前方靠近上区段采空区侧微震活动发生可能性最大。与较薄硬厚关键层相比，巨厚关键层下开采微震活动发生概率更大，微震的能级会更高、易发区域的范围更广。

第6章 工程实例分析

工作面上覆高位硬厚岩层时,由于硬厚岩层完整性好、初次破断步距大,其初次破断前作为关键层承载着上覆软弱岩层的重量。工作面开采后,硬厚关键层与采空区四周下位未破断岩体易形成稳定的空间承载结构,并通过下位结构体将硬厚岩层及上覆软弱岩层重量传递到下位煤岩体上,造成采场煤层及上覆岩体产生较高的应力集中现象,并储存大量的弹性能,易诱发静载型微震或冲击地压等动力灾害。高位硬厚关键层初次破断过程中,储存在硬厚岩层及上覆岩层中的弯曲弹性能及重力势能瞬间释放,并转化为冲击震动波。冲击震动能量向外辐射传播过程中引起煤岩体能量的瞬间增高以及强烈扰动,极易诱发动载型微震、冲击地压和支架动载等强动力灾害。本章通过淮北矿业集团杨柳煤矿和兖矿集团鲍店煤矿微震活动和支架载荷等实测数据资料,分析硬厚关键层垮落运动与动力响应之间的关系,并验证高位硬厚关键层相关理论研究的正确性。

6.1 杨柳煤矿工程实例分析

6.1.1 10416 工作面概况

淮北矿业集团杨柳煤矿位于安徽省淮北市濉溪县境内,东距宿州市约 21 km,北距淮北市约 50 km,交通便利。南部以杨柳断层为界,与孙疃井田接壤;北部以小陈家、大辛家断层为界,与临涣煤矿毗邻;井田南北长约 9 km,东西宽 3~9 km,井田面积约 60.4 km²。杨柳煤矿可采煤层平均总厚 10.16 m,3-2、8-2、10 煤层为较稳定煤层,为矿井主要可采煤层;10 煤层为本井田目前开采煤层,位于山西组的中部,目前分为 104 和 106 两个采区。

104 采区共划分 8 个工作面,10416 工作面位于第八个区段,是首采10414 工作面的接替工作面,如图 6-1 所示。其上方区段为 10414 工作面采空区,下方为 106 采区实体煤,里段以大牛家断层保护煤柱为界,外段以东翼大巷保护煤柱为界。根据 10414-1、10414-2、10414-3 和 10416-1 钻孔资料综合分析,工作面煤层倾角 2°～11°,平均 5°;厚度 1.5～3.9 m,平均厚度 3.2 m,属薄-中厚煤层,以中厚煤层为主,属较稳定煤层,埋藏深度约为 600 m。根据 10416 工作面的边界条件,10416 工作面分为两段,第一段位于 10414 工作面开切眼外侧,两侧为实体煤,工作面倾斜长度为 150 m,走向长度约 126.5 m;第二段一侧为区段煤柱和 10414 采空区,另一侧为 106 采区实体煤,工作面倾斜长度为 170 m。区段煤柱宽 5 m,工作面顺槽宽 4 m。

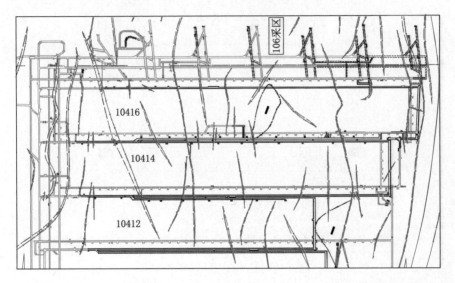

图 6-1 杨柳煤矿 104 采区平面图

10416 工作面上方赋存两层岩浆岩,分别沿 5-2 和 7-2 煤层顶板顺层侵入,并覆盖整个工作面范围。7-2 煤层顶板岩浆岩平均厚度为 43.6 m,与 10 煤层平均间距为 116 m;5-2 煤层顶板岩浆岩平均厚度为 31.5 m,与 10 煤层平均间距 225.5 m。岩浆岩单轴抗压强度为 113.6 MPa,抗拉强度为 6.8 MPa。

6.1.2 高位硬厚岩浆岩破断参数计算

由于利用厚板理论计算复杂、求解困难,且覆岩边界条件复杂,力学参数离散性大。姜福兴[11]教授研究表明,一般采场坚硬岩层 $h/b < 1/4～1/3$ 时,可利用薄板力学对其求解。

10416 工作面为 104 采区的接续工作面,高位岩浆岩在 10414 工作面开采时已发生破断失稳,10416 工作面开采时初次破断前为三边固支一边简支。根据第 3 章工作面上覆岩层破断规律可知,上覆岩层破断垮落时总是按照一定角度向上发展。由于高位硬厚关键层距离煤层较远,所以在求解高位硬厚岩层破断跨度时,需考虑覆岩破裂角,如图 6-2 所示[15]。

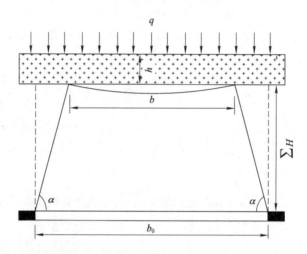

图 6-2　硬厚岩层悬空跨度与工作面长度[153]

那么,高位关键层底部倾向悬跨度 b 与工作面倾向长度 b_0 的关系为:

$$b = b_0 - 2\sum H \cot\gamma \tag{6-1}$$

式中　b_0——工作面长度,m;

　　$\sum H$——高位硬厚岩层与煤层的间距,m;

　　γ——覆岩破裂角,一般砂岩的垮落角为 $65°\sim80°$。

同理,高位硬厚岩层破断步距 L 与破断跨度 a 的关系为

$$L = a + 2\sum H \cdot \cot\alpha \tag{6-2}$$

根据 10416 工作面边界条件,第一段开采时高位硬厚关键层为四边固支状态,由固支梁理论和式(6-1)计算可得高位硬厚岩浆岩的极限稳定步距为181 m,大于工作面倾斜长度 150 m,高位硬厚岩浆岩不会发生破断。

10416 工作面进行第二段开采时,工作面其中一侧为 10414 工作面采空区,高位硬厚岩浆岩由下方的区段煤柱支撑,可简化为三边固支一边简支状态。根据高位硬厚岩浆岩的赋存特点,岩浆岩厚度 h 为 43.6 m,自重及上部岩层载荷 q 为 2.737 5 MPa,泊松比 μ 为 0.168,抗拉强度 σ_t 为 6.8 MPa,采空

区实际斜长 b_0 为 178 m,赋存高度 $\sum H$ 为 116 m,上覆岩层断裂角 α 取 70°。将上述参数代入三边固支一边简支岩板破断跨度关系式,利用 Mathematica 数学软件进行计算,得到高位岩浆岩的破断跨度 a 为 134 m。由式(6-2)可计算出高位岩浆岩的破断步距 L 约为 218 m,即工作面第二段推进到 218 m 时高位岩浆岩将发生初次破断。

6.1.3　10416 工作面微震能量分布规律分析

　　根据杨柳煤矿 SOS 微震监测系统监测数据,整理出 2012 年 7 月—2013 年 2 月 10416 工作面回采期间各月份微震活动频次以及单次最大释放能量数据,如图 6-3 所示。

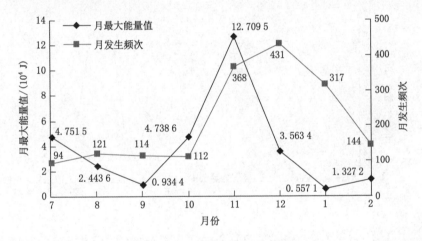

图 6-3　10416 工作面微震频次与最大释放能量

　　2012 年 7—10 月,10416 工作面第二段推进到 139.5 m 之前,各月微震活动发生的频次和最大释放能量相对比较小,单月最大微震活动释放能量值 $E < 5 \times 10^4$ J,并且微震活动主要集中在 10416 工作面开切眼、10416 工作面机巷侧以及 10414 工作面风抽巷等区域。这主要是由于工作面开采范围的不断增大,离层裂隙逐渐发育到硬厚岩浆岩底部,高位硬厚岩浆岩与下位采空区周围未破断岩体形成稳定的覆岩空间承载结构,并将载荷通过结构体传递到下位岩层及煤体中,导致采场周围煤岩体长时间处于较高应力状态,聚积了大量的弹性能。在下位岩体周期破断的扰动下,聚能状态的煤岩体发生破裂,释放弹性能,诱发小能量微震活动的发生。

    2012 年 11 月 20—28 日,工作面第二段推进到 192.5~233.6 m 时, 10416 工作面微震活动释放的能量和发生的频次出现明显异常,如图 6-4 所示。微震活动释放能量 $E > 5 \times 10^4$ J 出现 6 次,其中 $E > 5 \times 10^5$ J 的微震活动出现 3 次,11 月 24 日微震活动释放能量最大值达到 127 095 J。结合岩浆岩初次破断的理论计算结果可知,较高能量微震活动频繁主要是由于硬厚岩浆岩破断释放弯曲变形能及重力势能所致。硬厚岩浆岩破断后,随着工作面继续推进,微震活动释放能量的最大值迅速减小,而微震活动的频次出现先增多然后减少现象。由此说明,硬厚岩浆岩破断后,采场周围煤岩体中的集中应力迅速减小,煤岩体中储存的能量降低。破断后的岩浆岩垮落下沉压实下位已垮落岩体过程中,引起下位岩体的再次扰动,诱发大量的小能量微震活动。

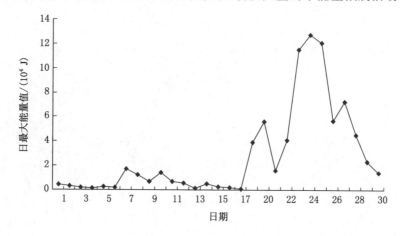

图 6-4　杨柳煤矿 2012 年 11 月日微震最大值分布图

    由杨柳煤矿 10416 工作面 11 月微震活动分布平面图可以看出,大能量微震活动震源主要分布在 10416 工作面采空区中部以及工作面前方靠近 10414 工作面采空区侧,如图 6-5 所示。根据一次采空工作面应力分布数值模拟结果,在工作面前方靠近采空区侧形成应力叠加区域,超前叠加应力峰值明显增大,煤岩体中聚积的大量弹性能在高位硬厚岩浆岩破断过程中易诱发大能量微震活动。另外,硬厚岩浆岩破断冲击下位已垮落岩体形成冲击震动波,同样引发大能量微震活动。

    综上所述,高位硬厚岩浆岩初次破断前,较大微震活动主要集中在采空区四周煤岩体中,硬厚岩浆岩破断过程中,大能量微震活动分布在工作面前方和采空区中部,这主要由于高位硬厚岩浆岩形成覆岩结构导致采场周围煤岩体应力增高、弹性能聚积、岩浆岩破断引发能量剧烈释放所致,与第 5 章高位硬厚关键层下微震活动分布规律一致。

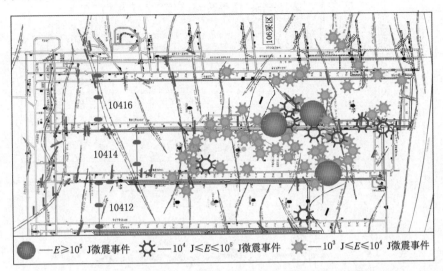

● —$E \geqslant 10^5$ J微震事件　☀ —$10^4 \leqslant E \leqslant 10^5$ J微震事件　✳ —$10^3 \leqslant E \leqslant 10^4$ J微震事件

图 6-5　杨柳煤矿 11 月微震事件分布平面图

6.1.4　10416 工作面支架压力监测分析

10416 工作面共安装了 8 台综采支架压力监测仪,从工作面机头至机尾分别布置在 $5^\#$、$15^\#$、$25^\#$、$45^\#$、$55^\#$、$65^\#$、$75^\#$、$85^\#$ 和 $95^\#$ 液压支架上,2012 年 11 月 15 日—12 月 17 日监测到支架压力变化曲线如图 6-6 所示。

由工作面液压支架压力变化曲线可以看出,工作面全部液压支架在 11 月 21 日之后出现压力增高现象,其中 $15^\#$、$55^\#$、$65^\#$、$75^\#$ 和 $95^\#$ 支架压力增高较为明显。尤其 11 月 25 日工作面推进 224 m 之后,部分液压支架压力达到 40 MPa 以上,$64^\#$ 支架甚至达到了 43 MPa。这表明随着工作面开采范围增大,高位岩浆岩达到了悬跨极限而剧烈运动失稳,造成工作面液压支架大面积来压。在高位岩浆岩破断垮落期间,工作面支架动载现象明显,$15^\#$、$55^\#$、$75^\#$ 和 $95^\#$ 支架来压期间动压系数超过 1.45,其中 $55^\#$ 支架动压系数达到 1.55,见表 6-1。由此可以表明,高位硬厚岩浆岩破断后对底部已垮落岩层产生强烈的动载冲击,并以冲击应力波的形式通过下位岩体传递到采场围岩,引起工作面顶板的强烈扰动,造成工作面支架的强动压现象。由此可以看出,强动压现象是高位硬厚关键层初次破断的显著特点,这与第 3 章覆岩结构特点分析的结果一致,且岩浆岩初次破断步距与理论计算结果基本吻合。

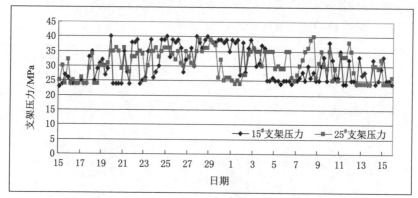

（a）15#、25#支架

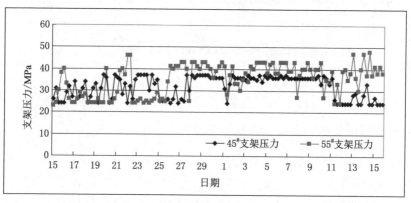

（b）45#、55#支架

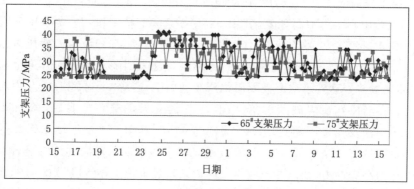

（c）65#、75#支架

图 6-6　10416 工作面支架压力变化曲线（2012 年）

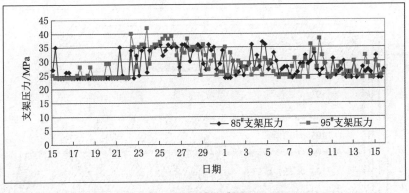

(d) 85#、95#支架

图 6-6　(续)

6.2　鲍店煤矿工程实例分析

6.2.1　103_上02 工作面概况

鲍店煤矿位于山东省济宁市辖区内,是兖州煤业股份有限公司 8 对支柱矿井之一。矿井于 1986 年 6 月 10 日正式投产,设计年产量 300 万 t,服务年限为 80 年。

鲍店煤矿十采区位于井田的南翼,北部采区边界位于家属院南区和李官桥家属院南区围墙南 303 m 处;东部边界位于蔡家厂西 70 m 处;南部边界位于白马河铁路桥南 450 m 处;西部边界位于黄厂村西 225 m 处。采区南北走向长平均约 1 500 m,东西倾斜长平均约 1 750 m,面积约 2.63 km²,主采煤层为 3_上和 3_下煤层。

鲍店煤矿 103_上02 工作面位于十采区北部,开采 3_上煤层,工作面地面标高 43.5 m,煤层标高−396～−445 m,面长 201～217.5 m,走向长度为 1 300～1 322 m。工作面北侧为 103_上01 工作面采空区;南侧外段为 103_上03、103_上04 和 103_上05 工作面采空区,里段为 103_上03 工作面实体煤,该工作面为典型的孤岛工作面,其中 103_上02 工作面外段长度为 553～575 m,如图 6-7 所示。煤层倾角平均 8°,煤层厚度为 5.5～6.27 m,平均厚度 5.84 m;煤体硬度为 3.1,为强冲击倾向性。

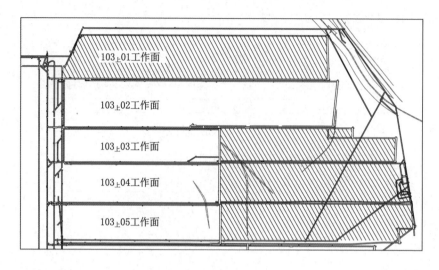

图 6-7　鲍店煤矿十采区平面图

　　由十采区 $103_{上}02$ 综放面地层综合柱状图可知，$103_{上}02$ 工作面上覆岩层中存在多层厚且坚硬的关键层，尤其是高位覆岩层中存在着强度较高的巨厚砂岩（俗称"红层"），距 $3_{上}$ 煤层高度约为 128 m 左右，岩层平均厚度 156 m，见表 6-2。巨厚岩层完整性好，单轴抗压强度为 70 MPa，抗拉强度为 9 MPa。给采区工作面开采带来了极大的威胁，一旦破断将产生强烈的矿山震动，诱发强微震活动的发生。

表 6-2　$103_{上}02$ 工作面地层情况表

层序	岩性	厚度/m	抗压强度/MPa	抗拉强度/MPa	弹性模量/GPa	体积力/(kN·m³)	关键层位置
18	表土	120			5	18	
17	细粉砂岩(红层)	156	70	9	5	26	主关键层
16	砂页岩	9.65	30	3	2.5	25	
15	粗粒砂岩	13.15	80	7	6	26	
14	砂页岩	11.53	30	3	2.5	25	
13	细砂岩	19.45	70	10	5	26	亚关键层
12	砂岩	1.99	60	7	6	26	
11	中砂岩	1.23	80	10	5	26	

表 6-2(续)

层序	岩性	厚度 /m	抗压强度 /MPa	抗拉强度 /MPa	弹性模量 /GPa	体积力 /(kN·m³)	关键层位置
10	黏土岩	3.31	30	3	2.5	25	
9	中砂岩	0.81	80	10	5	26	
8	铝质泥岩	7.17	30	3	2.5	25	
7	砂岩	2.82	80	10	5	26	
6	铝质泥岩	9.85	30	3	2.5	25	
5	中砂岩	6.49	80	10	5	26	
4	粉砂岩	9.88	50	3	4	26	
3	铝质泥岩等	5.99	40	2	2.5	22	
2	粉砂岩	2.74	50	3	4	26	
基本顶	粗砂岩	18.02	90	10	6	27	亚关键层
直接顶	粉砂岩	3.56	50	3	4	26	
煤层	3上煤层	6.09	30	2	2	14	
底板岩层	粉砂岩为主	14.88	60	3	4	26	

6.2.2　103上02 工作面微震活动规律分析

（1）103上02 工作面开采微震活动空间分布规律

由鲍店煤矿十采区柱状图可知,103上02 工作面位于巨厚关键层下开采。中国矿业大学窦林名教授及其科研团队与鲍店煤矿合作的科研项目,对鲍店煤矿十采区 3上煤层微震活动数据进行了系统的监测。本书引用窦林名教授科研团队 103上02 工作面开采时微震活动监测数据,用以验证第 5 章巨厚关键层下开采微震活动规律研究的正确性。

鲍店煤矿 103上02 工作面自 2008 年 6 月 18 日开始进行回采,图 6-8 所示为 2008 年 7 月 15 日—2009 年 2 月 28 日 103上02 工作面不同开采阶段微震活动的平面分布图,绿球代表微震能量 $10^2 \text{ J} < E < 10^3 \text{ J}$;蓝球代表微震能量 $10^3 \text{ J} < E < 10^4 \text{ J}$;黄球代表微震能量 $10^4 \text{ J} < E < 10^5 \text{ J}$;红球、粉球和紫球代表微震能量 $E > 10^5 \text{ J}$,且能量依次增大。

由图 6-8(a)可以看出,工作面开采初期,采空区范围较小,上覆岩层运动主要是直接顶和基本顶岩层的垮落失稳,岩层垮落影响范围小,微震活动仅发生在 103上02 工作面采空区周围,以小能量微震事件为主,且微震活动频繁。

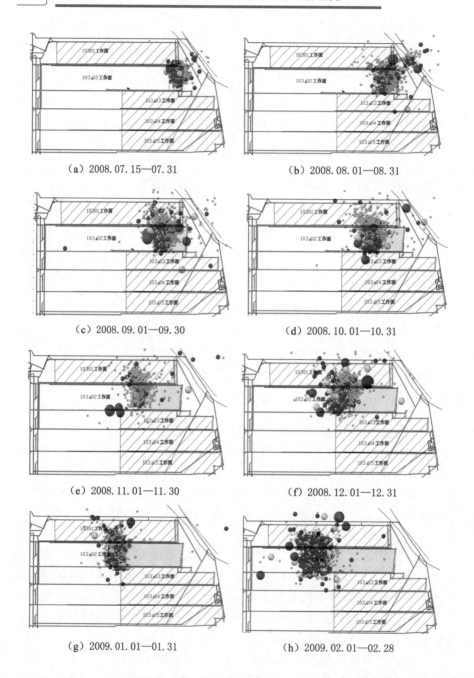

（a）2008.07.15—07.31

（b）2008.08.01—08.31

（c）2008.09.01—09.30

（d）2008.10.01—10.31

（e）2008.11.01—11.30

（f）2008.12.01—12.31

（g）2009.01.01—01.31

（h）2009.02.01—02.28

图 6-8　103$_{上}$02 工作面微震活动分布平面图（2008.7.15—12.31）[165]

随着工作面开采范围的增大,采空区上覆岩层垮落运动的层位逐渐升高,岩层破断所影响的范围也相应增大,微震活动主要出现在 103_上02 工作面前方及采空区。另外,在 103_上01 工作面采空区和开切眼后方断层位置出现了较大能量的微震事件,如图 6-8(b)所示,这主要是 103_上02 工作面上覆岩层垮落运动诱发 103_上01 工作面已垮落岩层的二次运动以及断层活化所致。随着工作面继续推进,103_上02 工作面大能量微震事件逐渐增多,并且主要分布在工作面前方两端头应力叠加区域以及后方开切眼附近,同时相邻的 103_上01 工作面采空区小能量微震活动逐渐增多,但大能量微震事件较少,如图 6-8(c)～(e)所示。随着工作面逐渐回采,上覆高位厚"红层"砂岩底部离层空间日益增大,"红层"砂岩逐渐达到极限悬露尺寸。由 2008 年 12 月 1—31 日微震活动分布图可以看出,该月微震活动相对其他月份明显增多,且大能量微震事件较多,在 103_上01 工作面和 103_上02 工作面采空区中间还出现一次代表最高能量紫色球的微震事件,如图 6-8(f)所示。这段时间内,大能量微震事件主要分布在 103_上02 工作面前方两侧应力叠加区域、103_上01 工作面采空区边缘以及两工作面采空区中部。随着工作面继续推进,如图 6-8(g)和(h)所示,2009 年 1 月 1 日—2 月 28 日工作面开采期间,微震活动呈现出先减少后增多的变化,但未出现最高能量紫色球微震活动,且大能量微震活动主要分布在工作面前方应力叠加区、103_上01 工作面外侧煤体以及 103_上03 工作面应力叠加区域。结合 2008 年 12 月的微震活动情况,因此可初步推断 103_上02 工作面上方巨厚"红层"砂岩在 2008 年 12 月发生了初次破断垮落。

综合上述分析,103_上02 工作面开采过程中,大能量微震活动主要发生在工作面前方应力叠加区、采空区外侧煤体上,且巨厚岩层破断时释放较高能量易诱发高能量微震活动,这与第 5 章高位硬厚关键层下微震活动规律以及巨厚岩层下微震活动易发区域数值模拟分析结果一致。

从整个 103_上02 工作面开采过程中不同能量微震事件分布平面和剖面图来看,如图 6-9 所示,工作面开采初期,开采引起的微震活动主要以小能量微震事件为主,而且主要分布在 103_上02 工作面采空区;在厚度方向上,主要分布在工作面底板、煤层以及"红层"砂岩下方岩体内,并且随着工作面开采,小能量微震活动逐渐向 103_上01 工作面采空区扩展,如图 6-9(a)和(b)所示。随着开采范围的增大,较大能量微震事件(10^4 J$<E<10^5$ J)逐渐增多,在水平层面方向上,仍主要分布在 103_上02 工作面;在厚度方向上,"红层"砂岩初次破断前,主要分布在砂岩下部煤岩体中,而随着"红层"砂岩进入周期性垮落阶段,较大能量微震事件活动范围逐渐向上扩展。对于高能量微震事件($E>$

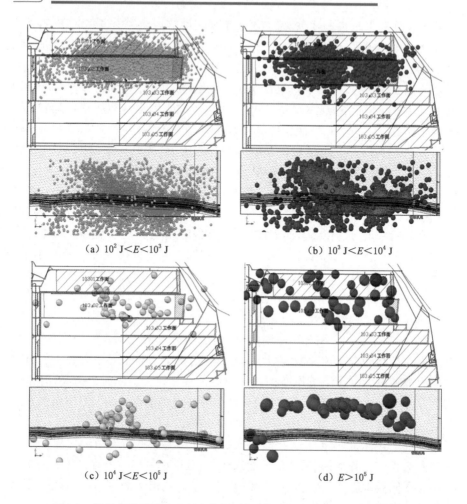

（a）$10^2 J<E<10^3 J$　　　　　　　（b）$10^3 J<E<10^4 J$

（c）$10^4 J<E<10^5 J$　　　　　　　（d）$E>10^5 J$

图 6-9　微震事件平面分布与走向剖面图（2008.07.15—2009.05.26）[165]

10^5 J），在水平层面方向上，主要分布在 $103_{上}01$ 工作面采空区边缘、$103_{上}02$ 工作面开切眼位置以及两工作面采空区中部，这与高位硬厚主关键层理论分析的"O-X"形破断形式一致；在厚度方向上，主要分布在硬厚关键层及其底部位置，如图 6-9(d)所示。由此说明，高能量微震活动主要是由较高层位的厚亚关键层和高位巨厚"红层"砂岩主关键层断裂运动所致，而且随着开采范围的逐渐增大，高能量微震活动逐渐由下位亚关键层层位转移到高位主关键层层位，如图 6-10 所示。

（2）$103_{上}02$ 工作面开采微震活动时间分布规律

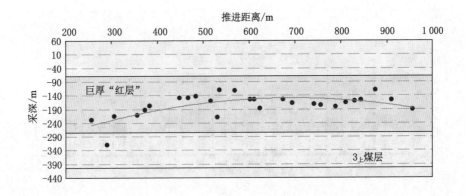

图 6-10　103$_{上}$02 工作面开采中、后期强矿震垂直方向分布情况

根据目前现有的微震数据，整理了 2008 年 7 月 15 日—12 月 25 日的微震事件能量变化情况，如图 6-11 所示。由图 6-11 可以看出，在工作面推进过程中，经常出现大能量微震事件。由于 103$_{上}$02 工作面为典型的孤岛工作面，在高位巨厚砂岩的作用下，103$_{上}$02 工作面煤体及上覆岩体产生明显的应力集中现象，储存有大量的弹性压缩能。随着 103$_{上}$02 工作面开采范围的不断扩大，采空区上覆亚关键层及其承载的软弱岩层逐渐垮落，释放弹性弯曲能和重力势能并转化为冲击震动波在覆岩中传播，冲击震动波对高能量聚积区的扰动效应导致高能量区岩体失稳以及能量超限，诱发高能量微震事件。2008 年 8 月 1 日和 8 月 21 日出现了两次高能量微震事件，微震事件的能量甚至达到 6 411 557.7 J 和 6 642 059.8 J，微震活动震级分别为 1.9 级和 2.0 级，随后强微震活动释放的能量相对明显减小。由此可见，工作面开采前期，高位厚层砂岩下方岩体垮落的扰动下诱发的煤体和上覆岩体中储存的高能量释放，此类高能量往往单个发生，一般不会出现高能量微震事件的密集发生期。

由图 6-11 可以看出，自 2008 年 12 月初，103$_{上}$02 工作面进入高能量微震活动密集发生期，持续近 20 天，共发生强微震活动 9 次，微震活动释放的能量整体高于 9 月、10 月和 11 月，且随着时间的推移，微震活动释放的能量不断增大，2008 年 12 月 17 日微震活动能量达到最大值 8 489 055.6 J，微震活动震级为 2.6 级。结合 103$_{上}$02 工作面微震活动空间分布分析结果，2008 年 12 月高位厚层砂岩发生了初次破断垮落。由此可见，巨厚岩层破断垮落不是瞬间完成的，而是持续一定的时间。巨厚岩层破断时伴随着弯曲弹性能以及重

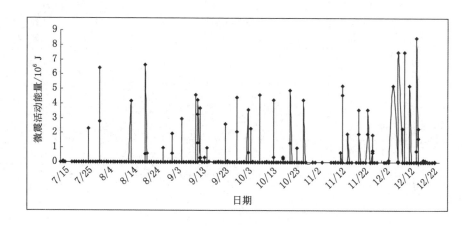

图 6-11　103$_\text{上}$02 工作面微震活动时间分布图($E>10^3$ J)

力势能的释放,往往诱发多次动载型高能量微震活动,并且随着岩层断裂程度的加剧,微震活动的能级逐渐增大。因此,高能量微震活动的密集发生期与高位硬厚关键层破断时间上相一致,从而验证了第 5 章微震诱发机理理论分析的正确性。

综上分析可知,巨厚岩层下开采时,随着开采范围的逐渐增大,容易造成硬厚岩层下方煤岩体的能量积聚,在开采活动以及下位岩体垮落的影响下,易诱发高能量微震事件的发生,但往往是单个事件活动。巨厚岩层破断时,易诱发高能量微震活动,且出现一定时间的高能量微震密集活动期。高能量微震事件主要分布在巨厚岩层层位及其底部,在平面分布上与硬厚岩层破断形式相同,这与微震活动的理论分析和数值模拟结果相一致。

6.3　本章小结

本章通过对杨柳煤矿 10416 工作面、支架压力和矿震活动数据、鲍店煤矿103$_\text{上}$02 工作面微震活动数据的整理分析,得到如下结论:

(1) 工作面支架压力在高位硬厚关键层破断期间明显出现增高现象,特别是硬厚关键层垮落冲击底部已垮落岩体时,工作面支架出现明显的强动压显现。

(2) 高能量微震活动主要发生在高位硬厚关键层破断过程中,并且对于巨厚岩层,由于其破断过程较长,所以会出现一段时间的高能量微震活动密集发生期,这与微震活动的理论分析结果相一致。

(3) 高能量微震活动在平面上主要发生在硬厚关键层断裂线附近,且微震活动分布特征与高位硬厚关键层破断形式相吻合。在竖向上,高能量微震活动只集中在高位硬厚岩层附近,与高位硬厚关键层破断释放能量主要集中在其底部相一致。

第7章 结论与展望

7.1 主要结论

本书基于弹性力学和薄板理论建立高位硬厚关键层空间结构力学模型,研究了高位硬厚关键层力学特性及变形破断规律;利用相似材料模拟试验和UDEC 数值模拟试验,分析了上覆高位硬厚关键层覆岩结构演化规律及变异特征、离层裂隙发育规律;利用 FLAC 3D 数值模拟软件建立三维数值模型,模拟分析了硬厚关键层下开采采动应力分布特征及能量聚积规律,揭示了硬厚关键层下微震活动分布规律;通过杨柳煤矿 10416 工作面和鲍店煤矿 $103_{上}02$ 工作面支架压力和微震活动,对理论研究内容进行了工程实例验证,得到如下结论:

(1)基于弹性薄板理论,分别建立不同边界条件硬厚岩层复合三角级数挠曲函数。利用最小势能原理和能量变分法,求解出四种边界条件硬厚岩层弯曲挠度方程;根据挠度与应力的关系,得到了硬厚关键层弯曲正应力表达式,计算出了各种边界条件硬厚关键层拉应力最大点及最大拉应力值;根据硬厚岩层初次破断跨度计算关系式,揭示了硬厚岩层初次破断跨度与抗拉强度 σ_t、倾向悬露长度 b、岩层厚度 h 和上覆载荷 q 等因素的关系。

(2)根据五种形式硬厚关键层边界支承条件,将其分为双向固支岩板(四边固支、三边固支一边简支和两邻边固支两邻边简支)和单向固支岩板(两对边固支两对边简支和一边固支三边简支)。对于双向固支岩板,令两方向固支边最大拉应力相等,得到硬厚关键层的初次破断前双悬跨系数 λ;双悬跨系数仅与边界支承状态有关,而与岩板的物理力学性质无关;对于单向固支岩板,令固支边最大拉应力与异向下表面最大拉应力相等,得到硬厚关键层初次破断前单悬跨系数 η,且 η 与关键层支承状态和岩层泊松比有关。

(3)双向固支硬厚关键层首先在端部产生断裂裂隙,进而转化为单向固支结构状态。而单向固支硬厚关键层初次破断前,在不同的开采阶段,岩板首先产生拉断破坏的位置不同,导致其破断过程和破断形式也有所差异。

(4) 上覆岩层中赋存单层硬厚关键层时,关键层初次破断前,易形成"梯"形覆岩结构,关键层周期破断阶段,形成"Γ"形覆岩结构;赋存两层硬厚关键层时,下位亚关键层破断后形成"梯-Γ"复合型覆岩结构,上位主关键层破断后形成"F"形覆岩结构。

(5) 随着工作面开采,离层裂隙逐渐向上发育并止于硬厚关键层底部。离层裂隙在硬厚关键层底部充分发育,从产生到闭合,其走向形态依次经历"线"形、"倒三角"形和"类弧"形,最终发育成"盆地"状凹结构体。以四边固支条件为例,建立离层空间结构模型,推导出四边固支条件的离层空间体积计算表达式。

(6) 工作面上方赋存高位硬厚岩层时,随着工作面开采范围的增大,超前支承压力峰值逐渐增大,但增速不断减小。硬厚岩层破断前,超前支承压力峰值达到最大值。与无硬厚关键层相比,硬厚关键层下开采工作面超前支承压力最大值小,但影响范围大;硬厚关键层极限跨度大,工作面超前支承压力达到最大值需要的时间较长,且处于极限峰值状态的时间也较长;硬厚关键层底部支承压力与工作面推进步距呈线性增长关系。硬厚关键层初次破断后,超前支承压力峰值迅速减小,出现明显的突变现象;硬厚关键层底部支承压力迅速增大,同样出现应力突变现象。

(7) 随着硬厚关键层厚度的增大,工作面超前支承压力最大峰值逐渐减小,但超前支承压力处于极限峰值的时间不断增大,超前影响范围也逐渐增大;硬厚关键层破断后,超前支承压力峰值的减小幅度逐渐增大,硬厚关键层底部支承压力增大程度逐渐减小。

(8) 随着硬厚关键层赋存层位的升高,工作面超前支承压力最大峰值逐渐减小,但超前影响范围逐渐增大,工作面处于极限峰值状态的时间也逐渐增长。硬厚关键层破断后,工作面超前支承压力骤减程度逐渐减小,但硬厚关键层底部支承压力的骤增程度逐渐增大。

(9) 工作面上覆两层硬厚关键层时,随着关键层层间距的增大,硬厚关键层的复合效应逐渐减弱,硬厚关键层初次破断步距变化不大,工作面超前支承压力最大峰值逐渐增大,但增大程度不明显;硬厚关键层破断后,工作面超前支承压力峰值基本相等,但破断前后减小程度逐渐增大。由于下位硬厚关键层承载作用,上位硬厚关键层底部支承压力随工作面推进增长不明显;随两层硬厚关键层层间距的增大,支承压力增长幅度逐渐减小,但硬厚关键层破断后的支承压力集中程度基本相等。与上位关键层底部支承压力相比,下位硬厚关键层底部支承压力随工作面推进出现明显增大的趋势；随着两层硬厚关键层层间距的增大，下位硬厚关键层初次破断前的底部支承压力峰值也随之增大，但增幅不明显；下位硬厚关键层破断后的底部支承压力突然增大，但增幅不明显，且增大幅度随硬厚关键层层间距的增大逐渐减弱，但应力集中程度基本不变。

（10）巨厚岩层下进行连续多工作面开采时，首采工作面开采过程中，工作面超前支承压力最大值明显小于较薄关键层的情况；接续工作面开采时，煤壁前方靠近上区段采空区侧出现显著的应力叠加区域，且超前叠加应力峰值随开采范围的增大而显著增大。巨厚岩层破断前，各个工作面开采初期，超前支承压力随着推进步距的增加逐渐增大，但工作面开采超过一定范围后，超前支承压力增速趋于平缓；巨厚岩层破断后，超前支承压力同样出现突然减小现象。随着倾向开采范围的增大，不同工作面相同的推进步距，巨厚岩层底部支承压力峰值显著增大；巨厚岩层破断后，其底部支承压力同样突然减小，但减小幅度不大。

（11）基于薄板理论建立硬厚关键层弯曲变形力学模型，推导出了硬厚关键层弯曲变形能计算公式。高位硬厚关键层悬露初期，岩层弯曲产生的变形能随工作面推进增速相对较小。随着走向悬露长度的不断增大，硬厚关键层弯曲变形能增速逐渐变大，其中四边固支硬厚关键层变形能增速变化最小，一边固支三边简支硬厚关键层增速变化最大。当硬厚关键层走向悬露超过一定长度后，岩层弯曲变形能增速趋于定值，由随走向悬露长度增加的变速增大转变为线性增大。

（12）工作面上覆岩层硬厚关键层时，静载型微震活动主要发生在高位硬厚关键层初次破断之前。单层硬厚关键层下开采，微震活动易发区域主要分布在采空区四周煤层和硬厚关键层底部岩体，并随着关键层厚度的增加，硬厚岩层底部微震活动易发区域范围逐渐增大；两层硬厚关键层下开采，微震活动易发区域位于采空区四周煤层和下位硬厚关键层底部岩体。随着两层层间距的增大，上位硬厚关键层发生微震活动的可能性也逐渐增大；巨厚关键层下开采，微震活动主要分布在采空区四周煤层以及巨厚关键层底部，其中在接续工作面煤壁前方靠近上区段采空区侧微震活动发生可能性最大。与较薄硬厚关键层相比，巨厚关键层下开采微震活动发生概率更大，微震活动的能级更高、范围更广。

7.2　创新点

（1）基于弹性薄板理论和瑞利-里兹法，分别建立三边固支一边简支、两邻边固支两邻边简支、两对边固支两对边简支以及一边固支三边简支等四种边界状态硬厚岩层弯曲挠度复合三角级数方程，并利用最小势能原理和能量差分法，推导出弯曲挠度函数方程和最大拉应力表达式；将硬厚关键层分为双向固支岩板和单向固支岩板，分别得到硬厚岩板初次破断前的双悬跨系数 λ 和单悬跨系数 η，并揭示了不同边界条件硬厚岩层初次破断过程以及破断形式。

（2）揭示了硬厚关键层底部离层裂隙走向形态发育过程，依次经历"线"形、"倒三角"形和"类弧"形，最终发育成"盆地"状凹结构体；推导出四边固支硬厚关键层底部离层空间体积计算表达式。

（3）基于硬厚关键层的薄板结构特点，建立硬厚关键层弯曲变形力学模型，推导出不同边界条件硬厚关键层弯曲变形能计算公式。

7.3　展望

针对工作面上覆高位硬厚关键层的情况，通过理论分析、相似材料模拟和数值模拟等方法，对硬厚关键层变形破断规律、含高位硬厚关键层覆岩结构演化和采动应力分布及变异特征、离层裂隙发育规律以及微震活动规律进行了探讨和研究，虽然取得了一些成果，但是尚存在不足之处，有待进一步开展深入、系统的研究工作：

（1）本书对高位硬厚破断规律进行分析研究时，将岩层的边界条件视为刚性固支状态。而实际上，高位硬厚关键层在弯曲下沉过程中，下位岩体将会发生弹性压缩变形，表现出了典型的弹性地基特点。所以在以后的研究工作中，将高位硬厚关键层视为弹性地基板进行变形破断规律的深入研究。

（2）实际生产过程中，高位硬厚关键层可能处于裂隙带，也可能处于弯曲下沉带。本书仅对位于裂隙带的硬厚关键层底部离层裂隙发育形态及空间体积计算进行了初步研究，下一步基于弹性地基板理论将对位于弯曲下沉带的高位硬厚关键层底部离层裂隙发育形态及空间体积计算进行深入研究。

参考文献

[1] 贺永年,韩立军,邵鹏,等.深部巷道稳定的若干岩石力学问题[J].中国矿业大学学报,2006,35(3):288-295.

[2] 陈尚本,安伯义.冲击地压预测预报与防治成套技术研究[J].山东科技大学学报(自然科学版),2010,29(4):63-66.

[3] 郭惟嘉,刘利民,郭炳正,等.巨厚坚硬覆盖层矿井开采灾害与防治措施的研究[J].中国地质灾害与防治学报,1994,5(2):37-42.

[4] 钱鸣高,石平五,许家林.矿山压力与岩层控制[M].2版.徐州:中国矿业大学出版社,2010.

[5] 宋振骐.实用矿山压力控制[M].徐州:中国矿业大学出版社,1988.

[6] 钱鸣高,缪协兴,许家林,等.岩层控制的关键层理论[M].徐州:中国矿业大学出版社,2003.

[7] 缪协兴,陈荣华,浦海,等.采场覆岩厚关键层破断与冒落规律分析[J].岩石力学与工程学报,2005,24(8):1289-1295.

[8] PENG S S. Coal mine ground control[M]. New York:John Wiley & Sons Inc,1978.

[9] 贾喜荣,翟英达.采场薄板矿压理论与实践综述[J].矿山压力与顶板管理,1999,16(S1):22-25.

[10] 贾喜荣.岩石力学与岩层控制[M].徐州:中国矿业大学出版社,2010.

[11] 姜福兴.薄板力学解在坚硬顶板采场的适用范围[J].西安矿业学院学报,1991,11(2):12-19.

[12] 蒋金泉.老顶初次断裂过程及其矿山压力显现[J].山东矿业学院学报,1989,8(1):37-44.

[13] 蒋金泉.老顶岩层板结构断裂规律[J].山东矿业学院学报,1988,7(1):51-58.

[14] 蒋金泉.老顶周期断裂及顶板来压预报[J].山东矿业学院学报,1989,8(2):1-8.

[15] 蒋金泉,张培鹏,聂礼生,等.高位硬厚岩层破断规律及其动力响应分析[J].岩石力学与工程学报,2014,33(7):1366-1374.

[16] 蒋金泉,张培鹏,潘立友,等.重复采动下上覆高位巨厚岩层微震分布特征研究[J].煤炭科学技术,2015,43(1):21-24.

[17] 茅献彪,缪协兴,钱鸣高.采动覆岩中复合关键层的断裂跨距计算[J].岩土力学,1999,20(2):1-4.

[18] 茅献彪,缪协兴,钱鸣高.采动覆岩中关键层的破断规律研究[J].中国矿业大学学报,1998,27(1):39-42.

[19] 谭云亮,蒋金泉.采场坚硬顶板断裂步距的板极限分析[J].山东矿业学院学报,1989,8(3):21-26.

[20] 谭云亮,蒋金泉,宋扬.采场坚硬顶板二次断裂的初步研究[J].山东矿业学院学报,1990,9(2):133-138.

[21] 谭云亮,宋扬,蒋金泉,等.煤矿顶板断裂过程的损伤分析[J].矿山压力与顶板管理,1993,10(S1):14-17.

[22] 秦广鹏,蒋金泉,张培鹏,等.硬厚岩层破断机理薄板分析及控制技术[J].采矿与安全工程学报,2014,31(5):726-732.

[23] 杨培举,何烨,郭卫彬.采场上覆巨厚坚硬岩浆岩致灾机理与防控措施[J].煤炭学报,2013,38(12):2106-2112.

[24] 肖江,任奋华,王金安,等.高位巨厚岩浆岩断裂失稳机理研究[J].西安科技大学学报,2008,28(1):1-5.

[25] 于斌,刘长友,杨敬轩,等.坚硬厚层顶板的破断失稳及其控制研究[J].中国矿业大学学报,2013,42(3):342-348.

[26] 杨敬轩,鲁岩,刘长友,等.坚硬厚顶板条件下岩层破断及工作面矿压显现特征分析[J].采矿与安全工程学报,2013,30(2):211-217.

[27] 轩大洋,许家林,冯建超,等.巨厚火成岩下采动应力演化规律与致灾机理[J].煤炭学报,2011,36(8):1252-1257.

[28] 程家国,曲华.深井高地压坚硬顶板采场围岩特性的数值模拟[J].采矿与安全工程学报,2006,23(1):70-73.

[29] TANG C A,KAISER P K. Numerical simulation of cumulative damage and seismic energy release during brittle rock failure—Part Ⅰ:fundamentals[J]. International journal of rock mechanics and mining sciences,1998,35(2):113-121.

[30] TANG C A. Numerical simulation of progressive rock failure and asso-

ciated seismicity[J]. International journal of rock mechanics and mining sciences,1997,34(2):249-261.

[31] 钱鸣高. 采场围岩控制理论与实践[J]. 矿山压力与顶板管理,1999,16(S1):12-15.

[32] 钱鸣高,缪协兴,许家林. 岩层控制中的关键层理论研究[J]. 煤炭学报,1996,21(3):225-230.

[33] QIAN M G. A study of the behaviour of overlying strata in longwall mining and its application to strata control[M]//Developments in Geotechnical Engineering. Amsterdam:Elsevier,1981:13-17.

[34] 缪协兴,茅献彪,孙振武,等. 采场覆岩中复合关键层的形成条件与判别方法[J]. 中国矿业大学学报,2005,34(5):547-550.

[35] 缪协兴,茅献彪,钱鸣高. 采动覆岩中关键层的复合效应分析[J]. 矿山压力与顶板管理,1999,16(S1):19-21.

[36] 缪协兴,钱鸣高. 采动岩体的关键层理论研究新进展[J]. 中国矿业大学学报,2000,29(1):25-29.

[37] 许家林,朱卫兵,王晓振,等. 浅埋煤层覆岩关键层结构分类[J]. 煤炭学报,2009,34(7):865-870.

[38] 许家林,钱鸣高. 岩层控制关键层理论的应用研究与实践[J]. 中国矿业,2001,10(6):54-56.

[39] 许家林,钱鸣高,金宏伟. 岩层移动离层演化规律及其应用研究[J]. 岩土工程学报,2004,26(5):632-636.

[40] 姜福兴. 采场覆岩空间结构观点及其应用研究[J]. 采矿与安全工程学报,2006,23(1):30-33.

[41] 姜福兴,张兴民,杨淑华,等. 长壁采场覆岩空间结构探讨[J]. 岩石力学与工程学报,2006,25(5):979-984.

[42] 姜福兴,宋振骐,宋扬. 老顶的基本结构形式[J]. 岩石力学与工程学报,1993,12(4):366-379.

[43] 郭惟嘉,刘立民,沈光寒,等. 采动覆岩离层性确定方法及离层规律的研究[J]. 煤炭学报,1995,20(1):39-44.

[44] 尹增德. 采动覆岩破坏特征及其应用研究[D]. 青岛:山东科技大学,2007.

[45] 潘红宇,李树刚,张涛伟,等. Winkler地基上复合关键层模型及其力学特性[J]. 中南大学学报(自然科学版),2012,43(10):4050-4056.

[46] 黄汉富. 薄基岩综放采场覆岩结构运动与控制研究[D]. 徐州:中国矿业大学,2012.

[47] 孙振武,缪协兴,茅献彪. 采场覆岩复合关键层的判别条件[J]. 矿山压力与顶板管理,2005,22(4):76-77.

[48] 弓培林,靳钟铭. 大采高采场覆岩结构特征及运动规律研究[J]. 煤炭学报,2004,29(1):7-11.

[49] 张向东,范学理,赵德深. 覆岩运动的时空过程[J]. 岩石力学与工程学报,2002,21(1):56-59.

[50] 柴敬,汪志力,刘文岗,等. 采场上覆关键层运移的模拟实验检测[J]. 煤炭学报,2015,40(1):35-41.

[51] 李杨. 西部煤炭高强度开采微震监测及关键层破断研究[D]. 沈阳:东北大学,2017.

[52] LUO X,HATHERLY P,GLADWIN M. Application of microseismic monitoring to longwall geomechanics and safety[C]//17th International Conference on Ground Control in Mining,1998:72-78.

[53] HATHERLY P,LUO X,DIXON R,et al. Seismic monitoring of ground caving processes associated with longwall mining of coal[C]//Proceedings of the 4th International Symposium on Rockbursts and Seismicity in Mines,1997:121-124.

[54] LUO X,HATHERLY P,ROSS J. Microseismic mapping of floor fracturing for longwall planning at South Blackwater Colliery[C]//Rockburst and Seismicity in Mines-RaSiM5,2001:337-342.

[55] LUO X,YU K J,HATHERLY P,et al. Microseismic monitoring of rock fracturing under aquifers in longwall coal mining[C]//SEG Technical Program Expanded Abstracts,2001:1521-1524.

[56] BERRY D S,SALES T W. An elastic treatment of ground movement due to mining:Ⅲ. Three dimensional problem,transversely isotropic ground[J]. Journal of the mechanics and physics of solids,1962,10(1):73-83.

[57] CROUGH S L. Two-dimensional analysis of near-surface,single-seam extraction[J]. International journal of rock mechanics and mining sciences and geomechanics abstracts,1973,10(2):85-96.

[58] SALAMON M D G. Elastic analysis of displacements and stresses in-

duced by the mining of seam or reef deposits, Part Ⅰ[J]. Journal South African institute of mining and metallurgy,1963,64(4):128-149.

[59] PALARSKI J. The experimental and practical results of applying backfill[J]. Innovations in mining backfill technology,1989,10:33-37.

[60] 苏仲杰.采动覆岩离层变形机理研究[D].阜新:辽宁工程技术大学,2002.

[61] 苏仲杰,于广明,杨伦.覆岩离层变形力学机理数值模拟研究[J].岩石力学与工程学报,2003,22(8):1287-1290.

[62] 苏仲杰,于广明,杨伦.覆岩离层变形力学模型及应用[J].岩土工程学报,2002,24(6):778-781.

[63] 张玉卓,陈立良.长壁开采覆岩离层产生的条件[J].煤炭学报,1996,21(6):576-581.

[64] 张建全,廖国华.覆岩离层产生的机理及离层计算方法的探讨[J].地下空间,2001(S1):407-411.

[65] 张建全,廖国华,黄在文,等.综放开采条件下覆岩离层动态发育规律[J].北京科技大学学报,2001,23(6):492-494.

[66] 赵德深,朱广轶,刘文生,等.覆岩离层分布时空规律的实验研究[J].辽宁工程技术大学学报(自然科学版),2002,21(1):4-7.

[67] 章伟,郑进凤,于广明,等.覆岩离层形成的力学判据研究[J].岩土力学,2006,27(S1):275-278.

[68] 杨伦,于广明,王旭春,等.煤矿覆岩采动离层位置的计算[J].煤炭学报,1997,22(5):477-480.

[69] 王素华,高延法,付志亮.注浆覆岩离层力学机理及其离层发育分类研究[J].固体力学学报,2006,27(S1):164-168.

[70] 王国艳.采动岩体裂隙演化规律及破坏机理研究[D].阜新:辽宁工程技术大学,2010.

[71] 赵洪亮.综放开采覆岩结构破坏与裂隙演化的数值分析[J].煤炭科学技术,2009,37(5):107-110.

[72] KRATZSCH I H. Mining subsidence engineering[J]. Environmental geology and water sciences,1986,8(3):133-136.

[73] KARMIS M,TRIPLETT T,HAYCOCKS C,et al. Mining subsidence and its prediction in the Appalachian coalfield[J]. International journal of rock mechanics and mining sciences and geomechanics abstracts,

1984,21(2):64.

[74] HASENFUS G J,JOHNSON H L,SU D W H. A hydrogeomechanical study of overburden aquifer response to longwall mining[J]. International conference on ground control in mining,1988(7):149-162.

[75] BAI M,ELSWORTH D. Some aspects of mining under aquifers in China[J]. Mining science and technology,1990,10(1):81-91.

[76] PALCHIK V. Influence of physical characteristics of weak rock mass on height of caved zone over abandoned subsurface coal mines[J]. Environmental geology,2002,42(1):92-101.

[77] 谭云亮. 矿山压力与岩层控制[M]. 北京:煤炭工业出版社,2011.

[78] 宋振骐,宋扬,刘义学,等. 关于采场支承压力的显现规律及其应用[J]. 山东矿业学院学报,1982,1(1):1-25.

[79] 蒋金泉,宋振骐. 采场围岩应力分布的三维相似模拟研究[J]. 山东矿业学院学报,1987,6(1):1-11.

[80] 茅献彪,缪协兴,钱鸣高. 软岩层厚度对关键层上载荷与支承压力的影响[J]. 矿山压力与顶板管理,1997,14(S1):4-6,233.

[81] 谢广祥,王磊. 采场围岩应力壳力学特征的岩性效应[J]. 煤炭学报,2013,38(1):44-49.

[82] 谢广祥,王磊. 工作面支承压力采厚效应解析[J]. 煤炭学报,2008,33(4):361-363.

[83] 谢广祥,杨科,常聚才,等. 综放采场围岩支承压力分布及动力灾害的层厚效应[J]. 煤炭学报,2006,31(6):731-735.

[84] 刘金海,姜福兴,冯涛. C形采场支承压力分布特征的数值模拟研究[J]. 岩土力学,2010,31(12):4011-4015.

[85] 王振,欧聪,梁运培,等. 不同采厚条件下超前支承压力分布规律的模拟研究[J]. 矿业安全与环保,2008,35(2):17-18.

[86] 肖鹏,李树刚,林海飞,等. 不同主关键层层位的采场支承压力分布特征[J]. 煤矿安全,2014,45(12):211-213.

[87] 毕业武,侯凤才,张国华,等. 采场超前支承压力分布规律与巷道稳定性[J]. 黑龙江科技学院学报,2012,22(2):135-139.

[88] 司荣军,王春秋,谭云亮. 采场支承压力分布规律的数值模拟研究[J]. 岩土力学,2007,28(2):351-354.

[89] 马庆云,钟道昌. 采场支承压力分布及发展规律的研究[J]. 煤,1996,5

(1):12-15.

[90] 唐军华,白海波,杜锋.采场支承压力分区变异特征研究[J].采矿与安全工程学报,2011,28(2):293-297.

[91] 刘先贵.采场周围支承压力分布规律的探讨[J].山东矿业学院学报,1989,8(2):24-28.

[92] 浦海,缪协兴.采动覆岩中关键层运动对围岩支承压力分布的影响[J].岩石力学与工程学报,2002,21(S2):2366-2369.

[93] 涂心彦,柏建彪,王襄禹.超前采动支承应力分布规律及影响因素[J].能源技术与管理,2008,33(2):4-7.

[94] 史红,姜福兴.充分采动阶段覆岩多层空间结构支承压力研究[J].煤炭学报,2009,34(5):605-609.

[95] 白少华,郭中华,关金锋.大采高综采工作面支承压力分布模拟研究[J].科学技术与工程,2012,12(12):2936-2938.

[96] 赵宇,史致远.深部综采面侧向支承压力监测研究[J].科技资讯,2012,10(13):114-115.

[97] 张时伟,翟新献.顶板断裂产生的冲击载荷对深井巷道围岩变形的数值计算研究[J].煤炭技术,2015,34(1):32-34.

[98] 刘长友,杨敬轩,于斌,等.覆岩多层坚硬顶板条件下特厚煤层综放工作面支架阻力确定[J].采矿与安全工程学报,2015,32(1):7-13.

[99] 梁海汀,李树杰,宋建伟,等.关键层位置对卸压开采效应的影响[J].煤矿安全,2015,46(1):148-151.

[100] 李宏亮,华心祝,张忠浩.基于 BP 神经网络的超前支承压力分布预测[J].煤矿安全,2015,46(2):209-212.

[101] 苏南丁,李少本,李楠.浅埋深大采高工作面条带离层注浆地表减沉技术[J].煤矿安全,2015,46(2):68-71.

[102] 刘金海,姜福兴,王乃国,等.深井特厚煤层综放工作面支承压力分布特征的实测研究[J].煤炭学报,2011,36(S1):18-22.

[103] 谭吉世,纪洪广,姚志贤.巨厚岩浆岩下开采覆岩移动规律及采场压力变异性分析[J].煤炭技术,2007,26(3):34-37.

[104] 轩大洋,许家林,冯建超,等.巨厚火成岩下采动应力演化规律与致灾机理[J].煤炭学报,2011,36(8):1252-1257.

[105] 房萧,巨峰,何琪,等.千秋矿综放面巨厚悬空砾岩层采动应力分布特征数值模拟研究[J].中国煤炭,2011,37(11):44-47.

［106］杨合远.巨厚砂岩顶板应力位移场分布特征及应用研究［D］.合肥:安徽建筑大学,2014.

［107］KORPACH P. Stress changes near the face of underground excavations［C］// ISRM International Symposium,1986:635-645.

［108］FENNER R. A study of ground pressure［J］. Cluckanf, 1938,74:681-695.

［109］GÜRTUNCA R G. Mining below 3 000 m and challenges for the South African gold mining industry［M］. London:Routledge,2018.

［110］ZHANG N,ZHANG N C,HAN C L,et al. Borehole stress monitoring analysis on advanced abutment pressure induced by longwall mining［J］. Arabian journal of geosciences,2014,7(2):457-463.

［111］DWIVEDI R D,SINGH M,VILADKAR M N,et al. Estimation of support pressure during tunnelling through squeezing grounds［J］. Engineering geology,2014,168:9-22.

［112］SU Y,WANG G F,ZHOU Q H. Tunnel face stability and ground settlement in pressurized shield tunnelling［J］. Journal of Central South University,2014,21(4):1600-1606.

［113］CHANG X,LUO X L,ZHU C X,et al. Analysis of circular concrete-filled steel tube(CFT) support in high ground stress conditions［J］. Tunnelling and underground space technology,2014,43:41-48.

［114］GUO Z B,JIANG Y L,PANG J W,et al. Distribution of ground stress on Puhe Coal Mine［J］. International journal of mining science and technology,2013,23(1):139-143.

［115］ZHANG F P,QIU Z G,FENG X T. Non-complete relief method for measuring surface stresses in surrounding rocks［J］. Journal of Central South University,2014,21(9):3665-3673.

［116］ZHANG P H,YANG T H,ZHENG C,et al. Analysis of surrounding rock stability based on mining stress field and microseismicity［J］. Journal of the China coal society,2013,38(2):183-188.

［117］WU R,XU J H,LI C,et al. Stress distribution of mine roof with the boundary element method［J］. Engineering analysis with boundary elements,2015,50:39-46.

［118］LUO H,LI Z H,WANG A W,et al. Study on the evolution law of stress field when approaching fault in deep mining[J]. Journal of China coal society,2014,39(2):322-327.

[119] 姜福兴,曲效成,倪兴华,等. 鲍店煤矿硬岩断裂型矿震的预测[J]. 煤炭学报,2013,38(S2):319-324.

[120] 杨培举,何烨,郭卫彬. 采场上覆巨厚坚硬岩浆岩致灾机理与防控措施[J]. 煤炭学报,2013,38(12):2106-2112.

[121] 李宝富,李小军,任永康. 采场上覆巨厚砾岩层运动对冲击地压诱因的实验与理论研究[J]. 煤炭学报,2014,39(S1):31-37.

[122] 刘健,吕建为,盛立,等. 关键层运动诱发矿震的SOS微震监测分析[J]. 中国煤炭,2012(5):70-73.

[123] 成云海,姜福兴,程久龙,等. 关键层运动诱发矿震的微震探测初步研究[J]. 煤炭学报,2006,31(3):273-277.

[124] 李新元,马念杰,钟亚平,等. 坚硬顶板断裂过程中弹性能量积聚与释放的分布规律[J]. 岩石力学与工程学报,2007,26(S1):2786-2793.

[125] 冯小军,沈荣喜,曹新奇,等. 坚硬顶板断裂及能量转化分析[J]. 煤矿安全,2012,43(4):150-153.

[126] 卢新伟,窦林名,王国瑞,等. 巨厚火成岩下矿震分布特征分析[J]. 煤炭工程,2010,42(7):54-57.

[127] 罗吉安. 巨厚火成岩下煤巷冲击地压机理及防治技术研究[D]. 徐州:中国矿业大学,2013.

[128] 李浩荡,蓝航,杜涛涛,等. 宽沟煤矿坚硬厚层顶板下冲击地压危险时期的微震特征及解危措施[J]. 煤炭学报,2013,38(S1):6-11.

[129] COOK N G W,HOEK E,PRETORIUS J P G,et al. Rock mechanics applied to the study of rock bursts[J]. Journal-South African institute of mining and metallurgy,1966,66(10):436-528.

[130] JAEGER J M,COOK N G W. Fundamentals of rock mechanics[M]. London:Methuen and Co. ,td. ,1969.

[131] PATYŃSKA R,KABIESZ J. Scale of seismic and rock burst hazard in the Silesian companies in Poland[J]. Mining science and technology (China),2009,19(5):604-608.

[132] BLAKE W,LEIGHTON F,DUVALL W I. Microseismic techniques for monitoring the behavior of rock structures[J]. US bur mines bull,1974(665):65.

[133] MIAO H X,JIANG F X,SONG X J,et al. Tomographic inversion for microseismic source parameters in mining[J]. Applied geophysics, 2012,9(3):341-348.

[134] MIAO H X,JIANG F X,SONG X J,et al. Automatically positioning microseismic sources in mining by the stereo tomographic method using full wavefields[J]. Applied geophysics,2012,9(2):168-176.

[135] GE M,MRUGALA M,IANNACCHIONE A T. Microseismic monitoring at a limestone mine[J]. Geotechnical and geological engineering, 2009,27(3):325-339.

[136] GE M C. Efficient mine microseismic monitoring[J]. International journal of coal geology,2005,64(1/2):44-56.

[137] YOUNG P R. Rockbursts and seismicity in mines[M]. Rotterdam:A. A. Balkema,1993.

[138] MENDECKI A J. Seismic monitoring in mines[M]. Dodrecht:Kluwer Academic Publishers,1997.

[139] LUO X,HATHERLY P. Application of microseismic monitoring to characterise geomechanical conditions in longwall mining[J]. Exploration geophysics,1998,29(3/4):489-493.

[140] 吴家龙. 弹性力学[M]. 北京:高等教育出版社,2001.

[141] 张福范. 弹性薄板[M]. 2 版. 北京:科学出版社,1984.

[142] 刘人怀. 板壳力学[M]. 北京:机械工业出版社,1990.

[143] 张益东,程敬义,王晓溪,等. 大倾角仰(俯)采采场顶板破断的薄板模型分析[J]. 采矿与安全工程学报,2010,27(4):487-493.

[144] 钱鸣高,朱德仁,王作棠. 老顶岩层断裂型式及对工作面来压的影响[J]. 中国矿业学院学报,1986,15(2):9-19.

[145] 窦林名,贺虎. 煤矿覆岩空间结构 OX-F-T 演化规律研究[J]. 岩石力学与工程学报,2012,31(3):453-460.

[146] 常西坤. 深部开采覆岩形变及地表移动特征基础实验研究[D]. 青岛:山东科技大学,2010.

[147] 翟新献. 放顶煤工作面顶板岩层移动相似模拟研究[J]. 岩石力学与工程学报,2002,21(11):1667-1671.

[148] 李建璞. 超近距离煤层合层开采顶板灾害相似模拟及控制技术研究[D]. 北京:中国矿业大学(北京),2013.

[149] 于涛,王来贵.覆岩离层产生机理[J].辽宁工程技术大学学报,2006,25 (S2):132-134.

[150] 刘文生,范学理.覆岩离层产生机理及离层充填控制地表沉陷技术的工程实施[J].煤矿开采,2002,7(3):53-55.

[151] 郝延锦,吴立新,胡金星.采动过程中离层出现的机理研究[J].煤炭技术,1999,18(6):40-41.

[152] 韩昌良.沿空留巷围岩应力优化与结构稳定控制[D].徐州:中国矿业大学,2013.

[153] 罗文柯.上覆巨厚火成岩下煤与瓦斯突出灾害危险性评估与防治对策研究[D].长沙:中南大学,2010.

[154] 郭惟嘉.矿井特殊开采[M].北京:煤炭工业出版社,2008.

[155] 弓培林.大采高采场围岩控制理论及应用研究[D].太原:太原理工大学,2006.

[156] 姜福兴.矿山压力与岩层控制[M].北京:煤炭工业出版社,2004.

[157] 彭文斌.FLAC 3D实用教程[M].2版.北京:机械工业出版社,2020.

[158] 贾晓亮.基于FLAC 3D的断层数值模拟及其应用[D].焦作:河南理工大学,2010.

[159] 姚康.采空区地表变形的机理及数值模拟研究[D].长春:吉林大学,2014.

[160] 张良刚.特大断面板岩隧道围岩变形特征及控制技术研究[D].武汉:中国地质大学,2014.

[161] 董守义.建筑物下急倾斜煤层群矸石充填开采研究[D].北京:中国矿业大学(北京),2014.

[162] 张帆舸.深部巷道复合围岩变形特性与耦合控制技术研究[D].徐州:中国矿业大学,2014.

[163] 殷帅峰.大采高综放面煤壁片帮机理与控制技术研究[D].北京:中国矿业大学(北京),2014.

[164] 贺虎,窦林名,巩思园,等.覆岩关键层运动诱发冲击的规律研究[J].岩土工程学报,2010,32(8):1260-1265.

[165] 曹安业.采动煤岩冲击破裂的震动效应及其应用研究[J].煤炭学报,2011,36(1):177-178.

[166] 高明仕,窦林名,张农,等.岩土介质中冲击震动波传播规律的微震试验研究[J].岩石力学与工程学报,2007,26(7):1365-1371.

[167] 窦林名,陆菜平,牟宗龙,等. 冲击矿压的强度弱化减冲理论及其应用 [J].煤炭学报,2005,30(6):690-694.

[168] 齐庆新,陈尚本,王怀新,等. 冲击地压、岩爆、矿震的关系及其数值模拟 研究[J].岩石力学与工程学报,2003,22(11):1852-1858.

附　　录

（1）三边固支一边简支硬厚关键层

$B_{11} = 100B_0(3a^{12} + 54a^{10}b^2 + 436a^8b^4 + 968a^6b^6 + 1\,253a^4b^8 + 325a^2b^{10} + 86b^{12})$

$B_{13} = B_0(4a^{12} + 45a^{10}b^2 + 570a^8b^4 + 2\,644a^6b^6 + 4\,418a^4b^8 + 4\,704a^2b^{10} + 1\,957b^{12})$

$B_{21} = 100B_0(3a^{12} + 19a^{10}b^2 + 57a^8b^4 + 99a^6b^6 + 83a^4b^8 + 21a^2b^{10} + 5b^{12})$

$B_{23} = B_0(4a^{12} + 75a^{10}b^2 + 324a^8b^4 + 89a^6b^6 + 784a^4b^8 + 439a^2b^{10} + 122b^{12})$

其中：

$B_0 = a^4b^3q/[100D(181a^{16} + 2\,546a^{14}b^2 + 20\,067a^{12}b^4 + 62\,750a^{10}b^6 +$

$\qquad 129\,011a^8b^8 + 151\,402a^6b^{10} + 122\,488a^4b^{12} + 34\,195a^2b^{14} + 8\,578b^{16})]$

（2）两邻边固支两邻边简支硬厚关键层

$C_{11} = 1\,000C_0(5a^{12} + 32a^{10}b^2 + 153a^8b^4 + 185a^6b^6 + 153a^4b^8 + 32a^2b^{10} + 5b^{12})$

$C_{13} = 10C_0(6a^{12} + 46a^{10}b^2 + 251a^8b^4 + 660a^6b^6 + 668a^4b^8 + 452a^2b^{10} + 103b^{12})$

$C_{31} = 10C_0(103a^{12} + 452a^{10}b^2 + 668a^8b^4 + 660a^6b^6 + 251a^4b^8 + 46a^2b^{10} + 6b^{12})$

$C_{33} = C_0(14a^{12} + 129a^{10}b^2 + 411a^8b^4 + 7a^6b^6 + 411a^4b^8 + 129a^2b^{10} + 14b^{12})$

其中：

$C_0 = a^3b^3q/[1\,000D(56a^{16} + 422a^{10}b^2 + 2\,012a^{12}b^4 + 4\,014a^{10}b^6 + 5\,248a^8b^8 +$

$\qquad 4\,014a^6b^{10} + 2\,012a^4b^{12} + 422a^2b^{14} + 56b^{16})]$

（3）两对边固支两对边简支硬厚关键层

$D_{11} = 16a^4b^4q(a^4 + 32a^2b^2 + 256b^4)/[D\pi^5(5a^8 + 120a^6b^2 + 1\,072a^4b^4 +$

$\qquad 2\,560a^2b^6 + 4\,096b^8)]$

$D_{13} = 16a^4b^4q(81a^4 + 288a^2b^2 + 256b^4)/[3D\pi^5(32\,805a^8 + 87\,480a^6b^2 +$

$\qquad 86\,832a^4b^4 + 23\,040a^2b^6 + 4\,096b^8)]$

$D_{21} = 16a^4b^4q(a^4 + 8a^2b^2 + 16b^4)/[D\pi^5(5a^8 + 120a^6b^2 + 1\,072a^4b^4 + 2\,560a^2b^6 +$

$\qquad 4\,096b^8)]$

$D_{23} = 16a^4b^4q(81a^4 + 72a^2b^2 + 16b^4)/[3D\pi^5(32\,805a^8 + 87\,480a^6b^2 +$

$\qquad 86\,832a^4b^4 + 23\,040a^2b^6 + 4\,096b^8)]$

（4）一边固支三边简支硬厚关键层

$E_{11} = a^3 b^4 q(3\ 662a^4 + 43\ 435a^2 b^2 + 222\ 685b^4)/[D(71\ 504a^8 + 912\ 132a^6 b^2 + 5\ 317\ 792a^4 b^4 + 9\ 974\ 992a^2 b^6 + 8\ 509\ 596b^8)]$

$E_{13} = a^3 b^4 q(407a^4 + 536a^2 b^2 + 305b^4)/[D(1\ 930\ 603a^8 + 2\ 736\ 397a^6 b^2 + 1\ 772\ 597a^4 b^4 + 369\ 444a^2 b^6 + 35\ 019b^8)]$

$E_{31} = a^3 b^4 q(831a^4 + 5\ 337a^2 b^2 + 2\ 921b^4)/[D(71\ 504a^8 + 912\ 132a^6 b^2 + 5\ 317\ 792a^4 b^4 + 9\ 974\ 992a^2 b^6 + 8\ 509\ 596b^8)]$

$E_{33} = a^3 b^4 q(92a^4 + 66a^2 b^2 + 4b^4)/[D(1\ 930\ 603a^8 + 2\ 736\ 397a^6 b^2 + 1\ 772\ 597a^4 b^4 + 369\ 444a^2 b^6 + 35\ 019b^8)]$